日本國家安全的經濟視角：
經濟安全保障的觀點

The Economic Perspective of Japan's National
Security: A Viewpoint of Economic Security

李世暉（Li Shih Hui）◎

五南圖書出版股份有限公司

推薦序一

　　日本是亞太區域強權，也是對臺灣在安全和經貿關係上最重要的國家之一，因為她不僅是臺灣的緊鄰，也是臺灣的重要經貿夥伴，而且臺日之間還分享許多共同的安全利益。不管是居於歷史因素，或是地理上鄰近，還是因為目前臺日間的密切經貿關係，臺灣是日本之外學習日文人口密度最高的國家，在臺灣大都會的大街小巷中，到處可以看到日語補習班的招牌。臺灣年輕一代所謂「哈日族」，已經成為一種時尚。

　　然而，對於臺灣人民是否認識、了解日本這個國家，相信不少人的信心會向下修正，一方面因為了解一個國家並不是一件容易的事情，尤其像這樣一個有相當長歷史、人口超過一億、歷史上曾經是東亞最強大國家、第二次大戰後浴火重生曾經成為世界上第二大經濟體的日本，更加不容易；另一方面會講日文並不代表就了解日本，對於日本之文化、政治體制、經濟發展和體制、社會結構、歷史、外交和安全政策等議題，需要投入相當多的時間和精力來追蹤和研究，才能成為真正的知日派，也因此臺灣真正的日本研究專家人數並不多。目前服務於國立政治大學日本研究學位學程擔任主任的李世暉教授，可說是臺灣少數深入研究日本的專家之一。

　　李主任從京都大學取得經濟學博士學位之後，回到臺灣從事有關日本相關議題之教學和研究，已經有相當長的時間。從教學相長及他個人持續不斷的努力，李主任對日本之研究已經非常深入、成熟，他累積研究的心得，完成「日本國家安全的經濟視角：經濟安全保障的觀點」之力作，從經濟的角度來分析日本國家安全，不僅針對日本有關安全保障之概念及經濟安全保障之理論有深入的探討，對日本之安

全保障尤其是經濟安全保障的歷史發展有詳盡的介紹，而且對當前日本經濟安全保障之思維、政策和作法有具體之研析，同時還分析日本經濟安全保障與臺灣的關係，可說是臺灣近年來所出版有關日本研究最重要的學術專書之一。

　　臺灣與日本雖然差異甚鉅，但是兩國面臨一些共同的挑戰，例如臺日同樣缺乏石油、天然氣等天然資源，同樣面臨颱風、地震等天災的威脅，同樣仰賴對外出口來支撐國家經濟之發展等，這種特質使日本在遭遇1970年的石油危機之後，於1979年提出綜合安全保障(comprehensive security)的思維，可說是世界上少數將非傳統性安全之概念納入國家安全考量的先驅國家。日本對國家安全概念及策略的思考，有不少值得臺灣學習之處，李主任之專著不僅是了解日本經濟安全所必讀之專書，也是臺灣思考國家安全所必須參考的重要著作，因此鄭重推薦之。

林文程
中華民國當代日本研究學會會長

推薦序二

　　日本在第二次世界大戰之後，因非戰憲法的限制下，全力發展經濟，對於國家安全維護，被譏爲搭便車或推諉者，讓美軍保障日本的國家安全。隨著1970年代石油危機，日本的安全視野逐漸擴大，「綜合安全保障」戰略在大平正芳首相任內正式提出，經濟安全提升到軍事安全同等戰略高度，安全保障的力量涵蓋政治、經濟、外交、文化、科技、軍事等，各種力量與手段之間互補，而非相互取代。

　　進入21世紀隨著中國國內生產毛額（GDP）在2010年超越日本成爲第二大經濟體，加上中國與日本因釣魚臺列嶼「國有化」問題，致使維持數十年的東海和平現狀出現改變。中國海警船艦定期進入釣魚臺周邊12海里海域，中國劃設東海「防空識別區」，中日兩國關係在建交40週年之際出現嚴重倒退。直至2014年11月，日本首相安倍晉三、中國國家主席習近平在北京「亞太經合會」場邊會晤之後，才得以逐漸恢復。

　　釣魚臺事件、安倍晉三領導思維，使日本的國家安全法制、日美防衛的合作，進入一個全新的階段。日本國家安全面向，也從經濟安全既有的角度，調整擴大其他更爲傳統的硬國力比重，但繼續支撐維護日本經濟成長的目標，卻沒有太大的改變。日本對於經濟安全所需的戰略物資，不管是石油的海上交通線安全，或科技工業產品不可或缺的稀土進口，甚或是維持政府持續順利運作的網路安全等，藉由日本國家安全法制、鬆綁集體防衛權的銳變，豐富了日本經濟安全的內容，也凸顯日本經濟安全所面臨的挑戰。

　　李世暉博士長期專門研究日本經濟、文化、政治，是國內極少數的日本經濟專家。他尤其對日本的決策機制，下了相當的功夫，例

如，由利益的分配探討日本決策機制變遷，對2009~2012年執政的日本民主黨的決策機制研究，亦有深入的看法。李博士在本書之中，從歷史的演進，檢視日本的經濟安全問題。這些議題涵蓋了日本在不同的歷史階段的經濟安全保障戰略，日本對外官方經濟援助，「綜合安全保障」戰略的浮現，一直到日本加入「跨太平洋夥伴協定」（TPP）的談判，及完成第一階段的協商。

本書特別在結論之前一章，探討日本與臺灣在地緣經濟與政治的關係。臺日關係在民進黨與國民黨政府接續努力之下，經由經濟交流、分享資訊，投資自由化、促進及保護合作，臺日航空更加便捷，電子商務合作，避免雙重課稅等一連串協定，使得臺日經濟合作提升到更高的階段。這也反映臺灣相較於韓國、中國，在日本的東亞政策中，有其獨特的地位。

林正義
中央研究院歐美所研究員

自 序

　　2006年3月，在本山美彥教授的指導鞭策下，筆者順利通過博士論文口試，取得京都大學經濟學研究科的博士學位。筆者的博士論文題目爲《貨幣制度與國家權力：對近代臺灣貨幣制度變遷的考察》，主要是透過對殖民統治時期，以及戰後初期臺灣貨幣制度改革的探討，比較分析日本帝國與國民政府如何以貨幣制度來強化統治的正當性。在博士論文撰寫的過程中，筆者即發現，日本對臺灣進行的貨幣制度改革，強化的不僅是臺灣島內的國家權力，還包括日本向外擴張的帝國權力。換言之，經濟與金融制度，早在明治時期就已經是影響日本國安全政策的關鍵因素之一。

　　返臺任教之後，筆者的研究方向逐漸轉向當代日本的政治與經濟研究，針對區域經濟整合趨勢下的日本，進行整體的分析，也發表了數篇與區域經貿合作戰略相關的期刊論文。然而，博士論文所延伸出的問題意識，卻未曾因新研究議題的出現而消散。經過十年的整理與磨合後，「舊問題意識」與「新研究議題」逐漸在腦海中匯流，筆者開始以「經濟安全保障」的概念思考近代日本的國家安全，並著手進行相關理論架構的建構。

　　在本書的寫作撰寫過程中，無論是研究資料的蒐集還是內容觀點的陳述，部分參考了過去筆者研究的成果。包括碩士論文《日美安保體制變遷之中共因素研究》、博士論文《貨幣制度與國家權力：對近代臺灣貨幣制度變遷的考察》、遠景基金會季刊論文〈戰後日本的經濟安全保障：理論與政策之研究〉、臺灣國際研究季刊論文〈臺日經貿策略聯盟之研究〉與〈日本國內的TPP爭論與安倍政權的對應〉等。這些研究觀點與成果，構成了本書的主要架構。

此外，本書的完成，得益於許多學術先進、同儕與朋友的協助，在此謹致上最誠摯的感謝之意。首先，中山大學林文程教授、義守大學吳明上教授、高雄大學楊鈞池教授，以及中興大學蔡東杰教授的寶貴批評與建議，讓筆者獲益良多。其次，政治大學研究發展處，以及政治大學日本研究學位學程學生們的支持，讓本書得以如期完成。而五南文化在出版方面給本書提供的細心協助，也讓本書得以順利付梓。最重要的，來自於家人的全心全意支持，持續激勵筆者朝向日本研究的道路上邁進。

　　最後，謹以此書獻給國內所有關心當代日本研究的人。

謹識於

國立政治大學國際事務學院

2016年11月16日

目錄

第一章　緒　論

　　2010年7月，「稀土」（rare earth）產量占全球9成以上的中國，爲保護此一經濟戰略資源不致快速枯竭，宣布將自同年的下半年度開始，減少中國的稀土出口量。全球第二大稀土消費國的日本，同時透過政府部門的溝通管道（日中部長級經濟高層對話）與民間部門的溝通管道（日中經濟協會），強烈要求中國放寬對稀土出口的限制，但均未獲得中國善意的回應。2010年9月7日，中國的拖網漁船「閩晉漁5179」在有主權爭議的釣魚臺列嶼（日本稱之爲「尖閣諸島」）12浬海域內，與兩艘日本海上保安廳船艦相撞。船長詹其雄當場遭到扣留，並遭琉球那霸地檢署以「故意妨礙公務之執行」起訴。此一衝撞事件以及中日兩國在領土主權上的強硬態度，導致中日關係的急速惡化。與此同時，中國以通關手續尚未完備爲由，全面停止對日本的稀土出口。

　　由於稀土是日本汽車、電腦、手機、數位相機等製造業與科技工業商品的必要原料，而日本又高度依賴中國稀土的資源；因此，當中國實施稀土對日出口管制之際，日本高科技產業與製造業界立即陷入一片混亂。針對中國的稀土出口管制，日本一方面結合美國與歐盟，向世界貿易組織（World Trade Organization, WTO）提起訴訟；[1]另一方面也透過政策面、產業面與研究面的相關措施，希望逐步擺脫稀土資源過度依賴中國的困境。而日本國內的企業，也開始積極尋找中國之外的稀土來源。例如，住友商事從哈薩克進口，雙日從澳洲進口，而豐田則與印度合作生產稀土。

　　日本經產省在2008年就認知到，稀土資源已成爲支撐當代日本產業競爭力的重要關鍵，必須採取整體性的戰略措施來確保其供給的穩定。日本經產省並於2009年7月發表「稀土資源的確保戰略」（「レアメタル確保

1　針對美國、歐盟與日本控告中國對鎢、鉬及稀土金屬採行出口限制措施案，WTO上訴機構於2014年8月7日作出裁決，認定中國對稀土金屬採行之出口配額、出口關稅及其他措施，違反中國在2001年入會時作出的承諾。

戰略」），強調必須透過稀土資源的儲備、海底稀土資源的開採規劃、替代材料的技術研發，以及稀土資源回收的擴大投資等積極作為，營造一個日本經濟得以穩定發展的環境（経產省，2009）。到了2010年9月，日本對中國稀土資源的日趨依賴，以及中國將稀土資源視為外交手段的作為，促使日本從國家安全的角度，再度認真檢討其「稀土政策」（大嶋健志，2010: 43-50）。

以國家安全的角度思考資源與能源的穩定供給，一直是海洋國家日本最關切的生存與發展課題。眾所周知，身為海洋國家的日本，缺乏工業製造的關鍵資源，必須倚靠通商與貿易來維繫國家與社會的正常發展。因此，如何構築一個穩定的國際經濟環境，乃是攸關日本國家與社會發展的重大議題。明治時期的日本，在面對此一重大議題的時候，其思考脈絡主要來自於1889年出版的《斯丁氏意見書》。1888年，一手創建現代日本軍事制度的山縣有朋，前往德國拜訪法學專家斯丁（Lorenz von Stein），詢問其對日本軍事的意見。斯丁認為，國防概念可分為以防衛國家主權為主的「權勢疆域」，以及能影響主權獨立性的「利益疆域」（轉引自加藤陽子，2002: 82-97）。

當時的日本，推動的是重視「權勢疆域」（Machtsphare）的「守勢戰略」，強調防衛國土安全（特別是首都東京）與國內市場秩序的重要性。然而，隨著國力的增強，日本開始採取重視「利益疆域」（Interessensphare）的「攻勢戰略」，主張必須建立區域市場與資源的勢力範圍。無論是「守勢戰略」還是「攻勢戰略」，軍事力量的行使是當時日本的首要考量。而日本對於軍事力量的執著，接連在東亞地區引發「甲午戰爭」（1894年）、「日俄戰爭」（1904年）與「太平洋戰爭」（1939年）。

二次世界大戰結束之後，在美國的主導之下，日本通過了強調和平、放棄戰爭的《日本國憲法》。根據該憲法第九條規定：「日本國民誠懇地渴望基於正義與秩序之國際和平，永遠放棄以國權發動戰爭，以武力威嚇

及行使作爲解決國際爭端之手段。爲達成前項之目的，絕不保有陸海空軍及其他戰力。國家之交戰權，不予承認」（小林直樹，1982）。1950年6月25日爆發的韓戰，爲戰後的東北亞情勢投下了一顆震撼彈，也直接影響美國與日本的安全保障政策。1951年簽訂，並於1960年修正的《日美安保條約》，顯示了日本在亞太地區安全保障上的重要地位。《日美安保條約》由序言與五條正文組成。條約中宣示，日美兩國將會共同維持與發展武力，以保衛遠東地區的和平與安全，並爲日本的安全擊抗外來的武裝攻擊。以此條約爲主軸形成的「日美安保體制」，在二次戰後強化了日美兩國的安全關係，也奠定兩國在其他面向的合作基礎（豐下楢彥，1996）。

受到《日本國憲法》的制約，戰後的日本是在國防軍事力量受到限制的情況下，發展經濟與貿易活動。雖然有《日美安保條約》保障日本的國家安全，但如何倚靠「非軍事力量」來構築有利於日本經貿活動的國際環境，逐漸成爲戰後日本在外交層面上持續摸索的關鍵課題。另一方面，也是在此一特殊國際政治經濟狀況下，日本國內逐漸形成以政府力量，透過經濟的手段來維護國家安全的「經濟安全保障」（economic security）概念，並在不同的階段以不同的政策思維呈現。

過去，對於戰後日本的經濟安全保障思維，日本國內的研究主要集中在三個面向：

第一，「重商主義」（mercantilism）的面向。此一觀點認爲，戰後的日本透過技術官僚制定的產業政策，集中資源發展經濟與貿易；其結果帶來了國內自民黨主政下的政治穩定，以及國外經濟實力（economic power）的提升（船橋洋一，1978；長谷川將規，2006；落合浩太郎，2007）。

第二，「地緣政治」（geopolitics）的面向。此一觀點主張，身爲海洋國家的日本，必須在安全的海洋航線與安定的海洋環境下，透過經濟資源的取得與科學技術的發展，來建構自國的經濟安全保障（高坂正堯，1970；深海博明，1978；村山裕三，2003）。

　　第三，「經濟互賴」（economic Interdependence）的面向。此一觀點強調，在全球化的發展趨勢下，日本已經無法倚靠單一國家的力量，來構築經濟安全保障環境；必須尋求國際體制與區域整合的方式，以對應金融面與貿易面的各種可能威脅（関井裕二，2008；山本武彥，2009；山田晃久，2011）。

　　前述關於日本經濟安全保障的論述，不僅在理論闡述上出現各種主張，在內容分析上也出現各持己見的現象。而此一分歧現象，主要乃是源自於日本對經濟安全保障概念的認知差異，以及對外在經濟威脅的態度不明。影響所及，日本的經濟安全保障理論體系遲遲無法建立，而政府的各種政策，也無法形成明確的、關連的政策目標。值得注意的是，經濟在當代國家安全中的重要性，隨著全球化的進展而快速提升。使得原本主導冷戰時期國家安全戰略思維的「地緣政治」，開始結合重商主義、經濟互賴等經濟因素概念，並於後冷戰時期發展出「地緣經濟」（geo-economics）的戰略思維。而日本的經濟安全保障，也在此一環境變遷影響下，呈現出新的面貌。

　　本書以《日本國家安全的經濟視角：經濟安全保障的觀點》為題，即是立基於「經濟」的視角，透過經濟安全保障的觀點，分析明治維新以來日本國家安全的發展脈絡。本書著重的問題意識在於：經濟因素對近代日本國防與外交政策的意義，以及經濟安全保障概念對戰後日本國家安全的政策影響。為了聚焦本書的問題意識，筆者將透過下述三個層面進行分析論述。第一，透過理論的歸納與整理，釐清日本國家安全政策中的經濟因素，以及日本經濟安全保障概念的理論意涵。第二，綜合分析戰後日本所處之國際環境與國內環境的變遷，探討日本在面臨各種經濟威脅時的對應思維與措施，闡述戰後日本經濟安全保障的政策內涵與意義。第三，以「地緣政治」與「地緣經濟」的概念變遷，進一步探討經濟安全保障對當代日本國家安全的影響，以及臺灣在日本經濟安全保障所扮演的角色。

　　本書的第一章「緒論」，初步論述經濟因素與當代日本國家安全的關

係，以及歸納戰後日本在特殊政治經濟環境下，關於經濟安全保障相關研究的三個分析途徑，分別是重商主義、地緣政治與經濟互賴。

第二章「從安全保障到經濟安全保障」，詳細闡述安全保障的語意、概念分析架構，以及經濟因素如何應用在日本國家安全的分析上。語意論述的重點在於釐清「傳統／非傳統」、「狹義／廣義」、「絕對／相對」的安全保障概念，以及經濟安全保障的理論基礎。而透過前述的概念與理論，形成日本經濟安全保障政策的分析架構，以及經濟外交、科技外交在日本經濟安全保障的角色。此外，針對戰後日本的經濟安全保障政策，依其保障之對象、對威脅之認定以及所採行之政策工具，分為戰後初期的對外援助階段、石油危機之後綜合安全保障階段，以及區域經濟整合時期的經濟夥伴協議階段。

第三章「日本安全保障的歷史軌跡」，是從日本明治維新的時間點出發，詳盡地描繪過去150年以來日本安全保障的歷程。首先是透過「主權線」與「利益線」的概念，闡述明治時期的朝鮮半島與臺灣在日本安全保障中的角色。其次是整理四次的「帝國國防方針」內容，一窺日本帝國時期的安全保障思維。最後是以和平憲法、日美安保體制為基礎，分析冷戰時期與後冷戰時期日本的安全保障政策。

第四章「明治維新後的日本經濟安全保障」，以近代日本國內經濟學發展的歷程，刻畫經濟因素在日本帝國時期安全保障的角色與定位。西方的經濟學引進日本之後，重商主義、自由主義經濟以及國民經濟等不同理論觀點，先後影響明治時期日本的經濟發展過程。而在政策面向上，則是針對日本帝國的殖產興業、臺灣的經營以及大東亞金融圈的建構進行分析，探討經濟安全保障思維在此一時期的政策實踐。

第五章「和平憲法架構下的日本經濟安全保障」，以《日本國憲法》第九條的規定內容，分析戰後日本安全保障的「合憲」與「違憲」論爭。此一和平憲法架構下的論爭，不僅直接主導了日本的軍備發展與國防戰略，也間接影響戰後日本的產業發展方向，更讓日本摸索出經濟安全保

障的戰略內涵。其中，「政府開發援助」（Official Development Assistance, ODA）不僅是此一時期日本經濟外交的重點，也是符合日美同盟共同利益的戰略援助，爲當時日本經濟安全保障的核心政策。

　　第六章「綜合安全保障的經濟意涵」，以國際金融市場的鉅變，以及石油危機時所凸顯出來的資源供給問題爲開端，進一步歸納整理1970年代日本經濟安全保障所面臨的三項課題：資源與能源的穩定供給、產業結構升級、重視金融工具。此一時期，爲了同時確保自國的經濟安全與國防安全，日本提出了綜合安全保障的概念。此外，1980年代開始的日美貿易摩擦，以及隨之而來的《廣場協議》，更進一步地強化了日本綜合安全保障的經濟意涵。

　　第七章「區域經濟整合與日本經濟安全保障」，探討全球化發展下的日本經濟安全保障思維。日本積極參與區域經濟整合的主要目的，乃是透過區域經濟整合的參與以尋求經濟貿易的夥伴與盟友，進而提升日本國民的經濟與社會生活。而跨太平洋經濟夥伴協議（Trans-Pacific Strategic Economic Partnership Agreement, TPP），即爲此一時期日本經濟安全保障的核心政策。TPP所涉及的經濟安全保障面向包括：參與國際經貿秩序的建構、提升國家的競爭力、國家經貿策略的調整等。

　　第八章「日本經濟安全保障與臺灣」，則是以地緣政治、地緣經濟的概念，歸納出資源供給與使用的穩定、貿易平臺與網絡的安全、國家經貿競爭力的強化、區域經濟整合的參與、全球自由貿易秩序的維護等五項日本地緣經濟的特質。同時，亦透過對戰後日臺經貿關係的回顧與探討，檢示日本經濟安全保障與臺灣之間的關係。

　　本書第九章「結論」，乃以1997年「亞洲金融風暴」後所形塑的東亞區域政經情勢，論述日本政府的政策作爲。並特別指出，當代日本所面臨的國際政經環境，以及日本對危機的認知，讓日本重新回到明治時期的經濟安全保障思維，走向新階段的「脫亞入歐」路線。

第二章　從安全保障到經濟安全保障

　　日文中的「安全保障」，乃是譯自英文的security一詞，中文一般稱之爲「安全」。安全可以被定義成手段或方法，用以提升環境的保障，讓人們得以繼續追求生活日常的活動（Purpura, 1991: 4）；同時也可以代表一種穩定的、可預期的環境，讓個人或團體在追求目標時，不受干擾或傷害，亦不必擔心任何動亂或意外（Fischer and Green, 1992: 3）。對當代的個人、組織與國家而言，與安全相關的概念、資訊，早已成爲影響其行爲互動的重要判斷依據。舉例來說，有個人行爲動機關注的需求與「安全」，有國際法與國際關係關注的穩定與「安全」，有國家機構關心的國家「安全」，有資通訊產業關注的保密與「安全」，有金融產業關注的風險與「安全」，有與旅遊相關的「安全」，以及與財產、人身相關的安全（Akpeninor, 2002: 2）。

　　另一方面，當代安全保障的概念，可進一步區分爲狹義的安全保障與廣義的安全保障，以及積極的安全保障與消極的安全保障。狹義的安全保障主要考量國家的軍事安全議題，一般被歸類爲傳統的國家安全。廣義的安全保障則是指包括軍事、政治、經濟、社會與環保在內的國家綜合安全；此一意涵除了傳統的安全保障之外，也著重非傳統的安全保障。此外，積極的安全保障是指由單一國家主導的軍事戰略、文化政策、經濟政策、金融政策與能源政策等議題；而消極的安全保障則是關注全球化所衍生的人權、犯罪、飢荒、疾病、氣候變遷等可能衝擊國家安全的議題。

壹、安全保障的概念發展

　　安全保障概念意涵的多元化、複雜化發展，除了受到歷史情勢變遷的影響之外，也與security一詞的語源相關。security的語源，可追溯到拉丁文securus或securitas，是「消除」（se）與「不安」（cura）的組合，意

指「消除不安與擔心」（Dillon, 1996: 125）。此一消除擔心與不安的意涵，早期多出現在希臘時代盧克萊修（Lucretius）、西塞羅（Cicero）等人的文學、哲學作品中，用以說明個人內心與精神層面的平穩狀態。進入了羅馬時期，其意涵開始朝向政治領域轉變，開始被用來指稱羅馬帝國政治的和平狀態。若依據security概念在西方語文領域的發展，可以進一步將其歸納成下述四項意涵（中西寬，2007: 23-24）：

第一，個人精神層面的平穩與安心；

第二，政治價值層面的和平與安定；

第三，經濟交易層面的契約履行與未來保證；

第四，道德危機層面的安逸警惕。

前述四項意涵，隨著個人主義的興起、民族國家的發展以及近代社會結構的複雜、多元化，以及不同時期的思維脈絡而出現下述兩項重要的解釋。

首先，安全保障概念中主張之「消除個人的不安」，與國家論結合後，發展出以國家的形式保障個人安全的現實主義論述，代表者為馬基維利（Machiavelli）的「君王論」（The Prince）與霍布斯（Thomas Hobbes）的「巨靈」（Levianthan）概念。馬基維利雖然強調，因為人民本身便有著對統治者不滿而加以變更的自然想法，君主無法避免一定程度的殘酷壓制。然而，馬基維利亦指出，只要君主不剝奪公民的財產或覬覦公民妻小的榮譽，一般平民並不會憎恨統治者（轉引自蕭高彥，2002: 15）。另一方面，霍布斯所言之「巨靈」，是一種權力主動讓渡下的國家概念。巨靈的形成，是人類為了保全自己或得到更滿意的生活，同意將自治權讓渡給一個人或一群人；而名為巨靈的國家，則是為了保障所有人的生存安全與幸福而存在（Hobbes, 2010[1651]）。

其次，安全保障概念中主張的「契約履行與未來保證」，與自由論結合後，發展出限制國家權力以保障個人安全的自由主義論述，代表者為洛克（John Locke）的「政府論」與孟德斯鳩（Montesquieu）的「分權

論」。洛克認爲，個人在自然狀態下，會在「自然法律」的範圍內行動，並在理性的約束下享有自己的權利。但是，由於自然法律在實踐上經常被忽略，因此需要成立政府來保護人們的生命、自由與財產等權利。不過，政府的存在，不得侵犯到個人的天賦人權（Locke, 2009[1690]）。孟德斯鳩則進一步發展洛克的論述，強調以權力約束權力，以保障政治上的自由。此一政治的自由乃是讓個人有安全，或是至少讓個人相信自己有安全（Montesquieu, 2010[1748]）。

一、傳統與狹義的安全保障研究

第一次世界大戰的爆發，爲強調個人安全保障的傳統概念帶來新的衝擊。該戰爭導致人類生命和財產之鉅大損失，刺激政治菁英和學者專家重視戰爭研究和如何思考維護世界和平的問題（林文程，2013: 4）。西方的學術圈，開始以國際關係的層面理解安全保障。此時，如何避免大規模殺戮的戰爭再起，進而保障國家與國民的生存，爲當時國際關係學界議論的焦點。而由此焦點展開的辯論，圍繞在國際關係的現實主義（Realism）與自由主義（Liberalism）的爭辯上。

現實主義繼承了馬基維里和霍布斯以來關於人性與權力的分析思想，認爲國際關係理論同樣是會受到本能和自然權力法則的支配。國際關係的現實主義主張，國際體系是以主權國家爲主要行爲者的無政府狀態，國家的主要目標是依靠權力（武力）來確保自身的安全與存續（Morgenthau, 1948）。自由主義的理論基礎則是啓蒙時期以來的理性與自由概念，強調國家武力衝突的戰爭行爲是國際體系失靈的結果，是需要解決且能夠解決的問題。透過國際制度、國際組織、國際法與國際規範的建構與健全化，可以避免重蹈戰爭的覆轍。由自由主義衍生的國際聯盟（League of Nations）與「集體安全」（collective security）的概念，受到當時歐美各國的注目（Bourquin, 1936）。

　　第二次世界大戰的爆發，以及戰後冷戰體制的形成，讓美國主導的安全保障概念成爲主流。美國所理解的安全保障，是「國家安全」（national security）的同義字。「國家安全」一詞是在戰時的1943年，由美國華盛頓郵報專欄作家Walter Lippmann首次提出（Mangold, 1990: 1-2）。隨著戰事逐漸進入尾聲，美國政府開始全面檢討過時的國家體制。爲了防止其它國家對美國政府或美國國民所可能造成的侵害，以及因應戰後的國際新局，美國在國家安全的概念下，不僅新設國防部、國家安全保障會議、國家安全保障資源局、中央情報局、軍需局等政府機構，也發展出「戰略研究」（strategic studies）來建構國家安全的理論（中西寬，2007: 49-52）。

　　從戰後初期到1970年代，國際政治學領域中的安全保障就是國家安全，在定義上等同於「國防」（national defense）一詞，其概念意涵是指以軍事力量保護國家的領土與人民，避免其受到外來的攻擊與威脅（Jordon and Taylor, 1984: 3）。這種強調軍事層面的研究取向，使得國家安全研究在性質上與戰略研究相似，甚至將安全研究視爲戰略研究（Nye and Lynn-Jones, 1988: 7）。在此一傳統的國家安全研究中，國家是安全維護的核心指涉對象。對內，國家必須保衛其國民的生命與財產；對外，國家必須有足夠的能力防止其它國家或外來團體對其領土、政權或國民所可能造成的侵害（蔡育岱、譚偉恩，2008: 154）。簡言之，此一時期的國家安全所重視的，是如何以軍事力量維持國家的領土完整與政治獨立。

　　1970年代中期以後，國際政治經濟環境出現劇烈變動。特別是布列敦森林體制（Bretton Woods System）的瓦解與石油危機的出現，造成了國際經濟與金融情勢的動盪不安。在此一急遽變化下的安全保障概念，開始出現多元與複雜的意涵。而於1976年創刊的International Security，在其創刊號的發刊詞上即強調，在相互依存的今日世界，貿易、恐怖主義、環境、能源等跨越國境的議題，是考量安全保障時不可或缺的因素（International Security Editor, 1976）。除了議題的多元化之外，在研究方法與

理論上，1970年代中期之後的安全研究，也出現了「引人注目的復甦」（Walt, 1991: 211-213）。儘管安全保障的研究依然以「戰爭研究」爲核心主軸，但與環境、貧窮、經濟等非軍事議題相關的研究成果，逐漸讓國際關係的安全研究，從「傳統安全」領域朝向「非傳統安全」領域發展。

二、非傳統與廣義的安全保障研究

　　多元化與複雜化的安全保障概念，在後冷戰時期進一步地豐富了安全保障領域的相關研究。美蘇冷戰的終止所帶來的國際體制變動，加上快速發展的全球化趨勢，促使國家安全保障的「非軍事」因素開始扮演關鍵的角色。在此一非傳統的全球安全環境發展下，只以軍事角度思考國家安全保障是不足的。特別是當國家安全的概念擴及至一國與他國的經濟關係，而其發展足以影響國家體制與制度的正常運作時，國家必須統合軍事以外的政治、社會經濟與環保等政策手段，才有能力維持其獨立身份與健全的功能（Buzan, 1991）。而杭亭頓（Samuel P. Huntington）更提出「文明衝突論」（clash of civilizations），主張全球的文化差異性導致了國際政治權力運作的衝突。杭亭頓強調，文化相近的國家（如基督教文明）會結盟成集團，易與不同的文化集團（如伊斯蘭教文明）發生衝突。依據其文明衝突論，文明的衝突將會成爲未來國際衝突的主導模式（Huntington, 1993: 22-49）。

　　2000年之後，強調恐怖主義、人口問題、難民與移民問題、毒品、傳染病、跨國犯罪、核子武器擴散、國際金融、資通訊安全等多元課題的「新國家安全」、「非傳統安全」的相關論述，逐漸國際政治經濟學者討論的焦點。而此一「新／舊」或是「傳統／非傳統」的論述，主要集中在下述三個層面。第一，冷戰時期就已經存在的多元安全保障議題，必須在後冷戰時期重新予以定位與省思；第二，明確後冷戰時期的安全威脅，並檢討現行國際組織與國家機制的對應能力；第三，區別先進國家與發展

中國家對於安全議題的對應方針（赤根谷達雄，2007: 75）。值得注意的
是，在國際經濟互賴的深化與軍事衝突類型的轉換下，讓原本以國家為主
體的安全保障概念，快速地向以個人為主體的安全保障概念發展，進而衍
生出「人類安全」（human security）的概念。

　　依據聯合國發展計畫署（United Nations Development Programme,
UNDP）在1994年發表的《人類發展報告》，人類安全可從下述兩個層
面來進行界定。第一，所有人應免於受到長期的饑餓、疾病和壓迫；第
二，所有人應免於日常生活遭受干擾與破壞。而人類安全的主要內涵，
包括經濟、糧食、健康、環境、人身、社群與政治等七大類型（UNDP,
1994）。冷戰後國際情勢的轉變，特別是全球化的現象，讓不同安全威
脅源之間的比重有所調整；戰爭相較以往已喪失對國家構成生存威脅的能
力，代之而起的是其它的威脅型態，它們直接侵害的對象往往不是國家而
是個人（蔡育岱、譚偉恩，2008: 161）。而任何安全事項只要是符合普
世的個人需要（而不是少數個人的需要），就是人類安全所關注與探討的
對象（McDonald, 2002）。

　　在前述安全保障概念的發展脈絡中，可進一步將其意涵聚焦在保障
的對象、針對的威脅與採行的政策工具等三項議題上（田中明彥，1997:
4）。首先是安全保障的對象，如何從重視國家、國土與主權，轉變強調
國民、經濟與文化。其次是對威脅的認定，如何從傳統的軍事、外交等威
脅，轉變成非傳統的貿易、金融、能源、恐怖主義、跨國犯罪、全球環境
變遷等威脅。最後是安全保障的政策工具，如何從過去強調軍事武力的硬
實力（hard power），轉變成兼顧以經濟、文化影響為主的軟實力（soft
power）（參見表2-1）。

表2-1　傳統／非傳統安全保障的概念比較

	保障對象	針對威脅	政策工具
傳統安全保障	國家、國土與主權	軍事、外交	硬實力
非傳統安全保障	國民、經濟與文化	貿易、金融、能源、恐怖主義、跨國犯罪、全球環境變遷	軟實力

資料來源：作者自行整理。

貳、經濟安全保障的理論基礎

　　在論述安全保障概念的發展歷史時，已然提及安全保障概念早在十八世紀時期，就與民族國家產生連繫。特別在歐陸國家之間，安全保障的概念經常用於確保主權、防衛領土等政治領域的議題。然而，同一時期的英國、美國等海洋國家，一方面不受領域與疆域的武力威脅，另一方面積極發展海上貿易，特別重視安全保障概念中的經濟交易層面意涵（Beard, 1977[1934]: 24-25）。自此之後，經濟的安全即成為美國在思考安全保障時的考量之一；而其關注的議題，則是以交易安全與貿易契約保證為主。

　　面對當時的安全保障課題，幕末時期的日本國內出現兩種論調。第一種論調是建立強大的軍事力量，以確保日本不受西方國家的侵犯。代表人物的佐久間象山，就曾經提出「誰謂王者不尚力」、「國力第一」的觀點，強調國家的軍事力量，才是日本安全的屏障（源了円，1990: 208）。第二種論調是透過制度變革與貿易開國，以互通有無的交易發展國家經濟，避免日本成為歐美的殖民地。代表人物的橫井小楠，乃主張自由貿易是「天地間的定理」，它既是民生問題，也是政治問題，更是日本得以與西方國家和平相處的問題（日本史籍協會編，1978: 38）。

　　依日本近代史的發展脈絡來看，「國力第一」的思維，確實主導了帝國日本時期的安全保障政策走向，亦推動了日後「北進論」與「南進

論」的國策大綱，以及急速的帝國軍備擴張。然而，即便是以擴張「國家利權」爲主要考量的北進論與南進論，也強調經濟資源與交易安全對日本帝國的重要性。舉例來說，日本的北進政策，最初是透過支配朝鮮半島來建立帝國的防衛範圍，並與傳統大國滿清進行對抗，以宣揚日本帝國的國威。然而，日俄戰爭勝利之後，獲得中國東北地區利權的日本，開始將俄羅斯視爲最主要的假想敵國；如何在「北進論」的地區範圍取得資源、確保貿易安全，則成爲軍事占領之外的重要考量。而在「南進政策」中，確保戰略資源的取得（亦即經濟的安全）則是日本帝國進軍南洋地區最關鍵的原因。

　　如同日本帝國一般，以主權概念爲核心，藉助軍事力量確保戰略資源，再透過經濟手段支持進一步的軍事擴張，是第二次世界大戰主要戰爭發起國的安全保障思維模式。而此一局對安全保障的思維模式，呈現在戰爭層面上就是「全面戰爭」（total war）。在全面戰爭下，政治、經濟、社會、文化等層面，都受到戰事的制約而呈現相對單向的面貌；而國家體制更爲了因應總動員的需求，而出現相應的變革（纐纈厚，2010）。二次世界大戰結束之際，帶領同盟國取得戰爭勝利的美國，在此一大規模戰爭動員經驗的影響下，重新檢視了經濟與安全保障的關係；並將安全保障領域中的經濟概念，用以探討軍備發展的經濟基礎、軍費對經濟成長的影響、經濟制裁與輸出管理等課題。

　　1964年9月，日本學者高坂正堯在《中央公論》上發表〈海洋國家日本的構想〉（海洋国家日本の構想）一文，主張戰後的日本必須放棄「島國」的思維，以開放的「海洋國家」自許，進而以開放、冒險的精神去開發、利用海洋資源。高坂認爲，面對美國勢力與中國勢力的夾擊，日本必須在安全保障層面尋求獨自的力量，以擺脫從屬於美國或中國的困境（高坂正堯，1970: 156-160）。而具體的政策措施，是一方面在軍事上維持與美國的同盟關係，以降低敵人侵略的企圖；另一方面在經濟上承諾建立自由開放的貿易體制，並協助發展中國家進行海洋資源的調查與開發（高

坂正堯，1970: 177-186）。高坂正堯的研究，是一種安全保障的「戰略論述」，其內容乃是著重自由貿易體制的穩定與日本的角色，可視爲戰後日本學術領域對「經濟安全保障」概念的初步理解。而其關注的政策措施，則是日本政府如何以「政府開發援助」（ODA）來建構對其有利的東亞政治經濟環境。

　　在國際政治經濟環境劇烈變動的1970年代，美國學者Joseph S. Nye提出了「集體經濟安全保障」（collective economic security）的概念，呼籲各國成立國際組織來因應當時的能源與糧食危機（Nye, 1974: 584-598）。同一時期，美國參議員Walter F. Mondale也提出「國際經濟安全」（international economic security）的概念，強調西方先進國家必須與產油國家、資源國家以及包括蘇聯在內的共產國家進行協調，以確保國際經濟的穩定與成長（Mondale, 1974: 1-23）。日本則是在1970年代後期，呼應了美國的經濟安全保障思維，提出了「綜合安全保障」的概念。日本的綜合安全保障中，將經濟安全保障定義爲「活用經濟的手段，確保國家經濟不受國際環境的重大威脅」；而其主要的措施方針則是：維持與強化國際體系的機能、確保重要物資的供給安定、重視科技與國際貢獻等（通産省產業構造審議會編，1982）。

　　進入1980年代之後，此一以安定國際經貿環境、穩定能源資源供給爲核心，以確保自國經濟安全爲目標的經濟安全保障概念，並未在美國引起廣泛注意；即便有部分零星的討論，也只停留在「確保能源與軍事物資」的狹義層面。舉例來說，1970年代在美國學術圈曇花一現的經濟安全保障概念，到了1980年代中期一度脫離原本的國家安全意涵，而被借來論述美國國內經濟的威脅（如失業）與對應方針（落合浩太郎，2007: 192）。這是因爲，美國長期以來傾向維持自由放任的市場機制，對於政府以政策介入經濟領域，美國社會普遍抱持否定的態度。特別對信奉新自由主義的經濟學者而言，達成經濟安全保障的唯一方法，是儘可能地增加國家財富與國民所得；而達成此一目標最關鍵的條件，是儘可能地維持一個完全自

由的市場經濟體制（Kuttner, 1991）。

　　一直要到1990年代初期，民主黨的柯林頓（Bill Clinton）出馬競選美國總統之際，經濟安全保障才又新成為美國國防與外交領域的焦點。面對後冷戰時期的國際政治經濟環境，柯林頓提出成立「經濟安全保障會議」（Economic Security Council），並以「經濟安全保障」來取代「軍事安全保障」的政策主張。柯林頓勝選後，雖然將經濟利益視為美國的核心利益之一，但原本主張的「經濟安全保障會議」卻更名為「國家經濟會議」（National Economic Council），專以負責美國貿易政策的規劃與調整（落合浩太郎，2007: 194）。

　　值得注意的是，由於日本的半導體產業在1980年代出現飛躍性的成長，迫使美國政府的經濟安全保障開始重視半導體科技對國防產業的直接影響。當時，美國的國防產業大量依賴日本的半導體零件，美國國防部下轄的「國防高等研究計畫署」（Defense Advanced Research Projects Agency, DARPA），視日本的科技發展為潛在的競爭威脅，擔心一旦日本倒向蘇聯，將會改變世界的權力平衡。其中，最著名的事例，就是1989年出版的《可以說不的日本》（《「NO」と言える日本》）。此書由當時擔任自民黨國會議員的石原慎太郎，以及擔任SONY董事長的盛田昭夫合著，內容主張日本可運用科技的競爭力做為日美交涉、談判的籌碼（村山裕三，1996: 82-83）。因此，當時美國的經濟安全保障概念，乃是強調透過政策與資金的支持，戮力發展半導體與人工智慧的技術以維護國家的安全。

　　在日本國內，經濟安全保障概念因其在具體內容的空泛與政策手段的模糊，使其無法成為日本外交政策的重點領域；但隨著日本經濟在1980年代的快速增長，以經濟力量來強化國家的安全保障，逐漸成為日本社會的主流意見。特別是長期以來強調「被動」、「防衛」與重視國家主權的傳統日本安全保障政策，在經濟實力的增強下，可以發展成「主動」、「攻擊」與掠奪對方市場的經濟安全保障政策。然而，日本泡沫經濟的破滅，

導致了此一政策思維受挫，也讓日本重新思考經濟安全保障的概念內涵。

　　主導後冷戰時期日本經濟安全保障概念的關鍵思維，是1980年代中期開始興起的「國家競爭力」（national competitiveness）。「國家競爭力」一詞提出之初，是用以強調在全球化的挑戰，以及在自由、公正的市場機制下，國家提升國民生活水準所具備的能力（Council on Competitiveness, 1994）。由於後冷戰時期的國力評量依據，已從過去的軍事實力，轉為經濟實力；而國家的優先戰略，也從原本的地緣政治考量，轉為國際貿易政策。若依據瑞士洛桑國際管理學院（IMD）每年公布的《世界競爭力年鑑》來看，影響國家競爭力的因素包括國內經濟發展、國際化程度、政府效率、金融體系、社會資本、企業管理、科技研發與人力資源。在此思維下，如何以政策來降低國際貿易阻礙、強化國家經貿體質，進而提升國家的競爭力，即成為當代日本經濟安全保障的重要內容。

　　綜上所述，冷戰時期國際關係研究領域中的安全保障，其概念意涵隨著國際經貿環境的變化，從過去強調單一國家主權、領土與國民安全的「絕對安全保障」，逐漸轉變成重視國際環境、跨國經濟面向的「相對安全保障」。而在此一轉變過程中，軍事與國防仍是影響國家安全保障的重要因素，但以經濟為核心的非傳統安全議題，已成為論述安全保障概念時的另一個重點。到了後冷戰時期，以經貿政策建構國家經濟安全保障環境與強化國家競爭力，成為全球化趨勢下國家的重要戰略方針。

參、相對安全保障與戰後日本外交

　　如前所述，在安全保障概念從「絕對安全保障」轉變為「相對安全保障」的過程中，由於對經濟安全保障概念與政策手段的模糊認知，使其無法成為日本外交政策的重點領域。眾所周知，戰後的日本在「和平憲法」

的架構下，美國主導建構的「日美安保體制」，一直是其安全保障議題的核心。而在和平憲法與日美安保體制的制約下，日本外交的政策選項相對受到限制。舉例來說，在日本憲法第九條的規定下，戰後的日本無法透過軍事力量的嚇阻、行使等傳統安全保障政策手段，來確保自國的安全。在政策選項受到限制的情況下，日本在絕對安全保障思維盛行的戰後初期，即將外交政策的重點放在「相對安全保障」的領域。具體而言，戰後日本外交政策的「相對安全保障」領域，主要呈現在經濟外交面向與科技外交面向。

一、經濟外交

「經濟外交」（economic diplomacy）就是管理國家之間經濟關係的活動；包括處理經濟政策問題的外交，以及使用經濟資源進行的外交工作（Berridge, 2009）。長期以來，在西方的國際政治領域中，用以指涉管理國家之間事務的「外交」（diplomacy）一詞，同時擁有「對外交涉」的技術面向，以及「外交政策」政治面向的意涵（Nicolson, 1950）。無論是對外交涉亦或是外交政策，外交概念的政治屬性為其不可分割的重要特性。因此，西方學者長期以來不習慣，也不願意在「外交」前面加上經濟、文化等具有區隔性的限定詞。

日本在戰後初期的特殊政治經濟情境，使得「經濟外交」一詞成為當時思考日本處境與國境情勢的重要概念。特別在《舊金山和約》簽訂的前後時期，如何以經濟外交來打破戰後日本在東亞地區的孤立，是當時學者專家思考的重點。例如，綿野脩三（1953: 16-17）認為，戰前的日本過度輕視經濟外交，但戰後日本面臨到嚴峻的國際與國內情勢，如果不重視經濟外交，日本將無外交。經濟外交一詞最早出現於日本官方文書，則是在1957年發表的《外交青書》中，但從其論述的內容來看，依舊不脫戰後初期的「重視經濟的外交」意涵（高瀨弘文，2013: 22）。

　　1960年代中期之後，隨著日本經濟實力的快速發展，經濟外交開始成為日本重要的外交內涵。此時，日本所認定的經濟外交，主要包括下述兩個面向：第一，以經濟為目的，以外交為手段，將擴大經濟利益視為目標；第二，以經濟為手段，透過經濟力量來實現外交目標。前者是以經濟為目的的外交，後者則是以經濟為手段的外交（山本滿，1973: 28-30）。然而，由於日本國內對於概念意涵的不同認知，使得「經濟外交」在推動的過程中，招致各種質疑與批判。主要的批判論點呈現在下述三個面向上：

　　第一，經濟外交原本是讓日本走出戰後，擺脫「侵略國家」負面形象的「革新性外交政策」，但在美蘇兩極對峙的體制下，變成美國冷戰戰略的一環（山本進，1961: 17-18）。

　　第二，隨著貿易的自由化，原本執行國家外交事務的日本駐外機構，必須開始面對與處理來自日本國內企業的「商業」要求（堀越禎三，1964: 21）。外交、經濟與企業經營之間的模糊關係，容易形成外交機構對特定私部門提供服務的不正常現象。

　　第三，經濟外交的目的，應該是為了增加「國民利益」，而非為「企業利益」（特別是從事海外貿易的企業）。因此，經濟外交原本的面貌，乃是要維持與強化自由貿易體制（木村崇之，1971: 41）。

　　1970年代中期，因「布列敦森林體制」崩壞而導致國際經濟與金融的劇烈變動，大幅提升經濟議題在西方國家外交政策中的比重。因此，西方學者在分析一國外交政策之際，會特別將「經濟因素」納入分析考量的領域。例如，K. J. Holsti（1977: 118-120）認為，一國的外交政策取向可透過國際體系、外交政策策略、決策者認知與國家資源等四個面向加以理解。然而，若進一步分析前述四個面向，均可發現各面向既有之特定經濟意涵如下：

　　第一，國際體系的結構面向。一般而言，國際體系是一種被建構的支配、從屬與領導的模式，而構成單位（即國家）的行動自由是受到限制

的。1970年代之後的國際體系，在國際政治上屬於美蘇對峙的兩極體系，在國際經濟上則是屬於自由貿易體制。

第二，外交政策策略面向。國家的外交政策策略，通常與其國內態度、輿論以及社會、經濟需求的性質相關連，其終極目的即是創造、運用與維持有利態勢，以求國家的生存與發展。對現代國家而言，國防為國家求生存之後盾，而經濟則為國家求發展之基礎。

第三，決策者認知面向。對於國家的定位、價值、利益與威脅的感受程度，是外交決策者思考外交政策時的關鍵。此時，一國外交政策的取向，經常會反映在決策者的競爭意識上，特別是以國內生產毛額（Gross Domestic Product, GDP）來衡量的經濟數據競爭上。

第四，國家資源面向。一國的地理位置、地形特徵以及擁有的天然資源，一方面是直接影響外交政策的因素，另一方面也是外交政策的主要內容。過去對國家資源的強調，主要呈現在「地緣政治」（geo-politics）的面向，主張國家領土與生存圈的重要性；而當代對國家資源的強調，則是呈現在「地緣經濟」（geo-economics）的面向，重視國與國之間的經濟相互依存情勢，以及彼此的經濟競爭關係。

戰前的日本過於執著地緣政治的生存圈論述，不僅嚴重侵害東亞國家的利益，也對本國的生存發展帶來致命打擊。戰後的日本，則是在有限的土地與資源環境下，出現令人稱奇的經濟成長。開創地緣經濟論述的Edward N. Luttwak，特別將戰後日本的發展經驗，視為地緣經濟時代最成功的實證（Luttwak, 1990）。事實上，早在地緣經濟展開論述之前，日本就已經透過ODA、戰略援助等方式進行經濟外交，並獲得一定的成果。值得注意的是，在1970年代中期之後，日本一度因石油危機、蘇聯入侵阿富汗等國際衝突事件，重新思考地緣政治下的日本定位；但隨著日本經濟在1980年代的高速發展，如何搶奪在世界經濟中的主導地位，再度成為日本關注的重心。

雖然日本經濟在1990年代遭遇泡沫化危機，並於2010年被中國取代

其世界第二大經濟國的位置，但日本依舊在亞太地區乃至於全球，保有超越政治與軍事領域的經濟實力。而在此一經濟實力的支持下，當代日本的經濟外交可分為下述幾個政策領域。

第一，確保與增進國家的經濟利益

日本自戰後以來，一直將經濟視為國家的核心利益。冷戰時期，在日美安保體制的庇護下，日本的經濟一度出現令人驚異的發展成果，但在後冷戰時期，環境的劇烈變動，加上日本國內政治、經濟與社會體制的失衡，日本的經濟面臨到嚴峻的挑戰。為了確保與增進國家的經濟利益，經濟外交的具體政策包括自由貿易協定（Free Trade Agreement, FTA）、經濟夥伴協議（Economic Partnership Agreement, EPA）、跨太平洋經濟夥伴協議（Trans-Pacific Strategic Economic Partnership Agreement, TPP）、支援日本企業的海外市場發展、引進外資進入日本、能源與資源的穩定供給等。

第二，參與國際規範的制定與推進政策的協調

對長期倚靠貿易出口來推動經濟成長的日本來說，如何維繫、強化自由貿易體制的國際相關的法令，會直接影響日本的經濟發展。身為世界重要的貿易國家，日本必須要積極參與相關體制與法令的協調過程。目前，日本可透過七大工業國組織（G7）、二十國財政部長和中央銀行行長會議（G20）、世界貿易組織（WTO）、經濟合作暨發展組織（OECD）等國際平臺，強化日本對國際體制變動與發展的影響力。

第三，維持與強化重點國家與地區的對話合作關係。

由於日本是一個缺乏天然資源且國內市場規模有限的國家，維繫與重要貿易夥伴國家、地區的關係，一直是戰後日本經濟外交的重要課題。對日本的經濟外交而言，重要的經濟關係包括日美經濟關係、日本與歐盟經

濟關係、亞太經濟合作會議（APEC）成員國關係等。

二、科技外交

　　自工業革命之後，科學與技術即是左右近代國家命運的關鍵因素。以日本爲例，透過明治維新積極引進的西方科技，讓日本得以在短時間從農業國家一躍成爲亞洲的工業大國。而二十世紀的兩次世界大戰，更突顯科技在國家權力鬥爭的關鍵地位。二次大戰之後，科技的影響力開始從原本的軍事領域，擴及至國際健康、環境品質、經濟發展、以及糧食、水與能源供給等領域；而在先進國家的外交政策中，關於科技的敘述頻率與篇幅也逐步增加。包括日本在內，戰後先進國家多透過對外援助的方式，提供科技學技術來協助其他發展中國家的經濟，藉此獲取特定的外交利益。

　　即便科技在戰後西方國家外交政策的比重日益提升，「科技外交」（Science and Technology Diplomacy）一詞卻遲至2000年前後才正式出現在官方文書中。2001年，在聯合國「經濟社會委員會」（Economic and Social Council, ECOSOC）下轄之「聯合國科技發展委員會」（United Nations Commission on Science and Technology for Development, UNC-STD）的推動下，聯合國貿易與發展會議（United Nations Conference on Trade and Development, UNCTAD）通過了「科技外交倡議」（Science and Technology Diplomacy Initiative）。此一「科技外交倡議」對科技外交的定義如下：「提供國家科技意見，以利其與國際承諾相關之國際以及國家階層之談判、執行活動」（UNCTAD, 2003: 3）。

　　此一定義特別排除外交的政治意涵，主張國家應藉外交以提振國際科技合作，屬於一種「爲科學與技術而進行的外交」（diplomacy for science and technology）。然而，戰後多數的先進國家，所強調的科技外交是指「以科學與技術進行外交」（science and technology for diplomacy），主張指在外交政策中積極地使用國家的科學與技術。有鑑於此，科

技外交的定義可進一步歸納如下：以一國本身所累積的科學與技術能量，用於國與國雙邊或多邊之合作籌碼，以國際公益與經濟互惠爲目的，追求國家整體發展與外交關係拓展之實質最佳利益之行爲（黃芝瑩、江奐儀、陳曉怡、李賢淇，2006: 585）。

　　眾所周知，美國一直是推進與主導戰後各項科技發展的關鍵國家。早在1940年代後期，美國即透過「馬歇爾計畫」（The Marshall Plan），提供歐洲國家金融、技術、設備等各種形式的援助，以協助歐洲地區的戰後復興。到了1970年代，美國更透過〈1976年國家科技政策、組織、優先順序法〉（The National Science and Technology Policy, Organization, and Priorities Act of 1976）與〈1979年對外關係法五章〉（Title V of the Foreign Relations Authorization Act, FY1979），指定「白宮科技辦公室」（OSTP）爲美國總統推動科技合作政策時的諮詢機構，以及確定國務院爲科技合作政策的主管機關（角南篤、北場林，2011: 242）。藉此，美國可透過外交機構具體推動追求國家利益的科技外交。

　　西歐各國的科技外交，則是以1950年代初期的歐洲煤鋼共同體（European Coal and Steel Community, ECSC）與歐洲核子研究組織（European Organization for Nuclear Research, CERN）爲開端，透過科技合作來共同促進歐洲國家的經濟復興。到了1970年代中期之後，歐洲主要國家共同設立「歐洲科學基金會」（European Science Foundation, ESF），合作推動歐洲地區的物理與工程科學、生命與環境科學、人文與社會科學的發展，以及強化歐洲在全球相關領域中的角色。歐盟成立之後，更透過「歐洲研究圈」（European Research Area, ERA）構想，以兼具科學卓越及經濟關聯性的計畫，進而提升歐盟內科技研發活動的內部效益與外溢效益。

　　二次世界大戰結束之後，經濟層面遭受致命打擊的日本，依舊保有相當的科學與技術資產。因此，戰後初期的日本以ODA推動經濟外交之際，就決定以科技資產替代部分的援助資金，協助與增進東南亞國家的社

會經濟發展（Sunami, Hamachi and Kitaba, 2013）。到了1970年代中期
之後，環境汙染、石油危機等議題逐漸浮上國際政治外交的議程，日本開
始透過其科技優勢，一方面取得國際政治經濟領域的發言權，另一方面提
升相關產業（如汽車產業）在國際市場的競爭力（島井宏之，2009）。進
入到2000年之後，有鑑於因國際情勢劇烈變動所帶來的人口問題、環境問
題、糧食問題、能源與資源問題、貧困問題等各種全球性課題，日本政府
乃提出「科技創造立國」的國家戰略，透過在相關課題領域的科技研發成
果，既協助解決大規模災害、流行疾病、全球暖化等全球課題，也創造日
本的國際影響力。

在上述的政策發展脈絡下，日本政府於2007年4月召開首次以「強化
科學技術外交」（科学技術外交の強化に向けて）為題的專家會議，並
於2008年5月提出報告書。報告書中對於推動當代日本科技外交的基本方
針，明確規範如下（総合科学技術会議，2008）：

第一，建構利益相互分享的科技合作系統。協助他國提升解決問題能
力的同時，也找出彼此共同面臨的課題，並以互助合作的方式共同解決。

第二，發揮科技與外交的相乘效應，解決全球人類所面對的課題。
善用日本的科技能力，建立跨國的合作平臺，率先為解決全球課題做出貢
獻。

第三，培育具科技外交能力的人才。科技研發的根本，在於專業人
才的有無；而科技外交的根本，則在於專業人才的國際交流與網絡互動關
係。因此，推動日本科技外交的關鍵之一，是要培育、強化具有主導國際
科技共識能力的外交人才。

第四，強化國際存在感。透過國際的科技高峰會，與各國建立科技夥
伴關係，並提升日本科技的國際形象。

2014年7月之後，為檢視過去以來的科技外交，日本外務省召開了5
次專家會議，並於2015年5月提出新的政策方向報告書。報告書指出，日
本過去的科技外交著重於「為科學與技術而進行的外交」，並獲得一定的

成果；而「以科學與技術進行外交」面向，則相對受到忽視。有鑑於此，未來日本的科技外交，除了進一步強化「以科學與技術進行外交」面向之外，更要發展「以科技外交推動和平」面向，以及「以科技外交建立繁榮」面向（科学技術外交のあり方に関する有識者懇談会，2015）。

肆、日本經濟安全保障的政策思維

在論述絕對安全保障與相對安全保障的差異，以及經濟外交與科技外交的發展歷程後，可進一步將經濟安全保障的概念意涵，透過下列三個層面的理解（參見表2-2）：

表2-2　經濟安全保障概念的變遷

概念意涵	政策思維	關注議題
國家安全的經濟手段	以經濟政策強化、補足軍事力量	提升國家總體的經濟實力，管制資金、技術與人才
國家安全的根本目標	確保國家經濟體系的穩定運作	維持戰略性天然資源與戰略性社會資源的穩定供需關係
國家的核心利益	保障國民經濟體系與國家社會體系	國際經濟合作的積極參與、國家經濟結構的合理化調整、核心科技與核心產業的競爭力強化、國家經濟福利的整體保障

資料來源：作者自行整理。

第一，經濟安全保障是以經濟為手段，在國際社會中維護國家的健全與發展。此時的經濟安全保障屬於國家安全的範疇，是一種國家安全的手段，也是強化、補足軍事力量的政策措施。國家一方面可藉由經濟與科技資源的投入，強化國防力量；另一方面可透過對他國的經濟影響力，避

免發生可能衝擊國家安全的事件。由於軍事力量需要經濟力量的支援，經濟層面的人才、科技等資源，透過適當的機制可轉化成國防力量（村山裕三，2004）。因此，此一層面所關注的議題除了如何提升國家總體的經濟實力之外，對於資金、科學技術的管制，也被列為經濟安全保障的範疇。

第二，經濟安全保障是國家安全的根本目標。在經濟全球化的時代，確保一國經濟體系的穩定運作，是健全國家發展的關鍵。因此，如何透過軍事、政治與外交措施，使國家免於受到國際經濟關係的負面影響而危及經濟制度的穩定運作，即成為經濟安全保障的重要課題。此一層面所關注的議題，主要是維持戰略性天然資源與戰略性社會資源的穩定供需關係。其中，戰略性天然資源包括能源（如石油、天然氣）與重要礦產（如煤、鐵、鉻、鎢），而戰略性社會資源則是用以指稱金融資源。在經濟全球化與金融自由化的風潮下，金融資源的穩定供需是國家安全的重心（時報文教基金會編，2006）。國家必須在現代金融領域的發展過程中，具備確保金融體系與金融秩序的正常運作。唯有正常運作的金融體系，才能有效維護國家的總體安全。

第三，將經濟安全保障視為國家的核心利益。此時，經濟安全保障的意涵不再局限於國家安全的概念，而是直接將經濟安全保障等同於國民經濟體系與國家社會體系的安全保障。此一層面所關注的議題，包括國際經濟合作的積極參與、國家經濟結構的合理化調整、核心科技與核心產業的競爭力強化、國家經濟福利的整體保障等。

根據上述層面的理解，國際政治經濟學研究領域中的經濟安全保障，可以定義為：政府透過國際政治經濟的協調合作與國內制度的建立，維持、改善國家經濟與國民生計的理論思維與政策方針。

面對日本可能遭遇的經濟威脅，戰後日本的經濟安全保障，隨著國際環境與國內經濟的變遷，其保障之對象、對威脅之認定以及所採行之政策工具，在不同時期有不同的思維（參見表2-3）。

表2-3　戰後日本經濟安全保障政策的變遷

時期	保障對象	威脅認定	政策工具
戰後初期	自由貿易體制、東南亞市場的影響力	與亞洲各國的關係	ODA政策
石油危機之後	資源與能源的穩定供給	資源與能源的短缺	綜合安全保障政策
區域經濟整合時期	日本的國家競爭力	東亞地區的區域經濟整合風潮	FTA/EPA與TPP政策

資料來源：作者自行整理。

　　戰後初期的日本，必須集中資源發展經貿，以順利進行戰後重建，並讓日本重返國際社會。爲了達成此一目的，日本政府一方面改善與亞洲各國的關係，營造友善的國際政治經濟環境；另一方面則積極協助日本企業，擴大其在亞洲市場的影響力。最具代表性的政策思維，就是「政府開發援助」（ODA）。

　　到了1970年代，日本的經濟雖然持續成長，但卻遭遇了石油危機的衝擊。面對資源短缺的威脅，日本開始將資源與能源的穩定供給，納入經濟安全保障的內涵；同時極力投入經濟資源與發展相關的能源科技，以確保日本產業、企業的穩定發展、經營環境。而1978年就任的大平正芳首相，並依此提出「綜合安全保障」（comprehensive security）的概念。

　　進入到後冷戰時期，日本的國家競爭力隨著泡沫經濟的破滅而快速滑落。面對國內經濟一蹶不振，以及國外區域經濟整合（regional economic integration）風潮的興起，如何參與雙邊與多邊的「自由貿易協定」（FTA）、「經濟夥伴協定」（EPA）以及「跨太平洋戰略經濟夥伴關係協議」（TPP），成爲日本在思考經濟安全保障時的重要考量。

第三章　日本安全保障的歷史軌跡

　　在論及日本經濟安全保障之前，必須先理解日本安全保障的歷史；在理解日本安全保障的歷史之前，必須先認識日本的地理位置與周邊國家的關係。衆所周知，日本是位處亞洲東方的島嶼國家，並以鄂霍次克海、日本海、東海與太平洋，與周邊的俄羅斯、中國、韓國、臺灣爲鄰。從東北亞地區的歷史來看，中華帝國長期保持強權地位，日本除外的大部分周邊國家，都與其維持不平等的朝貢關係，形成以中國爲中心的國際體制與文化經濟圈（Fairbank, 1968）。日本之所以能夠在中華文化經濟的影響下，採取反抗此一朝貢秩序的主要原因，是因爲受到了「海洋」天然屏障的保護。

壹、明治維新之前的日本安全保障

一、朝鮮半島與日本安全保障

　　日本首度受到隔海中華帝國的威脅，是十三世紀中期。當時，開創蒙古帝國的元世祖忽必烈，在高麗人趙彝的建議下，派遣使臣持「大蒙古國皇帝奉書」（日本稱之爲「蒙古國牒」），前往日本招諭。擔任交涉的北條時宗以書狀無禮爲由，予以回絕。忽必烈乃於1274年下令組成「元麗聯軍」（蒙麗聯軍），發兵征日。成功登陸日本九州地區的元麗聯軍，一度進軍至博多、箱崎等地，但因大風雨而遭至敗績。此一「文永之役」，元麗聯軍陣亡約1萬3千5百餘人（王民信，2010: 54）。1281年，元麗聯軍再次興兵14萬餘人，動員船艦4千4百餘艘，遠征日本。此一「弘安之役」，元麗聯軍遭到颱風的襲擊而損失慘重（王民信，2010: 57-58）。

　　到了十六世紀的末期，300年前受到大陸國家（蒙古帝國）威脅的日本，一反過去被動與防守的角色，採取了主動與積極的作爲，挑戰中華帝國在東亞地區的支配權力。1590年，擊敗後北条氏的豐臣秀吉，結束了百

餘年的日本戰國時代。當時，統一日本的豐臣秀吉，麾下擁有50萬人的軍隊與50萬支火槍，是當時全球最大的火槍保有國，以及僅次於明朝的全球第二大軍隊擁有國（Perrin著，川勝平太譯，1991）。1592年，豐臣秀吉決意向出兵朝鮮，並招集「大名」（封建領主）組成15萬8千人規模的部隊向釜山進軍（中野等，2008）。這場戰爭，自1952年（日本文祿元年，明朝萬曆20年）在釜山登陸，至1598年（日本慶長3年，明朝萬曆26年）全軍撤退為止，前後歷時6年8個月。中國歷史稱此次戰爭為「萬曆朝鮮之役」，日本歷史則稱為「文祿‧慶長之役」。

關於豐臣秀吉侵略朝鮮的動機，有各種不同的看法。一說是與豐臣秀吉的個人因素有關，包括幼子鶴松早夭的悲憂之情，使其有欲入朝鮮之志（京口元吉，1939: 83-84）；以及豐臣秀吉為了死後受後世尊崇，乃決意出兵朝鮮顯其功名（阿部愿，1906）。另一說是與日本國內的政治情勢有關，包括豐臣秀吉為避免諸大名在太閤領內擁兵自重，藉戰爭來消耗大名的軍力（Montanus著，和田萬吉譯，1925: 194）；以及以出兵朝鮮來體現「神國日本」的思維，強化其統治天下的正當性（北島万次，1998: 126-128）。最後一說則與東亞國際環境的變化有關，包括豐臣秀吉諭令呂宋、畠山國（臺灣）朝貢，要求朝鮮斡旋恢復與明朝的勘合貿易，並以戰爭達成經略海外的企圖（中村榮孝，1969: 79）；以及豐臣秀吉秀吉欲振威於明朝，希望朝鮮臣服日本，並作為其征伐明朝的嚮導（羅麗馨，2011: 64）。

前述的個人因素、國內政治情勢與東亞國際環境的變化，對豐臣秀吉發動對外戰爭的動機，都有一定的說服力。若以「歷史連續性」（historical continuity）的角度觀之，300年前「元寇」（日本對元朝軍隊的稱呼）的兩次入侵，讓豐臣秀吉時期的日本認知到，海洋雖然是天然屏障，但若無法控制海洋對岸的朝鮮半島，日本隨時會受到大陸國家的威脅。十六世紀末期的兩次出兵朝鮮，就是此一思維下的政策。

另一方面，中華帝國長期與周邊國家維持朝貢關係，以安定自國與

區域的秩序。在朝貢關係下，中華帝國透過經濟交流（貢品與回賜），來降低周邊國家的敵對態度。而此一朝貢體制的政治風險，要比出兵討伐占領來得低，也較符合儒家思想的「王道精神」。因此，在一般的情況下，對中華帝國的安全保障來說，朝貢體制具有優先的政策順位。豐臣秀吉時期的日本，也受到此一朝貢體系的影響，一方面要求鄰近的朝鮮、琉球臣服，另一方面則要求距離較遠的高山國、呂宋朝貢。若以安全保障的概念解讀此一歷史事件，可將當控制朝鮮半島與建構以日本為中心的朝貢體系，視為當時日本的安全保障思維與政策。

此役之後，東亞國際情勢的發展出現鉅大的變化。首先，朝鮮因長期供應明軍兵糧而陷入食糧不足的危機，而在朝鮮半島進行的長期戰事，也讓朝鮮半島的人口銳減、土地荒廢，進而加劇了社會的階級對立。其次，戰爭所帶來的大量軍士傷亡，以及軍需物資的耗費，弱化了日本豐臣政權的統治基礎。讓保存實力的德川家康主導日本政權，建立江戶幕府。最後，中國明朝因為龐大的戰費支出，導致了財政的急速惡化，成為明末內亂頻仍、滿清趁隙崛起的遠因。

二、從江戶鎖國到幕末開國

1603年成立的江戶幕府武家政權，在對外關係上面臨兩大挑戰。第一，豐臣秀吉出兵韓國，導致中國與日本交惡，影響東亞區域情勢的穩定。第二，西班牙、葡萄牙、英國、荷蘭等國，積極爭奪東亞地區的貿易主導權，讓日本切身感受到來自西方的威脅。為了因應上述兩大挑戰，德川家康一方面派遣使臣前往朝鮮進行和平交涉，以收拾出兵朝鮮的殘局，並尋求與明朝恢復友好關係的契機；另一方面，派遣使臣前往西歐列強領有的東南亞地區建立外交關係，同時設立「朱印狀制度」（海外貿易許可制度）統一管理日本的海外貿易（永積洋子，2001）。不同於豐臣秀吉一心想建立「日本型朝貢體系」的思維，德川家康強調的是以日本為中心的

「外交關係」，並透過海外貿易的管理來保障德川政權。

　　原本德川家康的構想，是透過和平交涉來恢復日本與中國之間的貿易關係；並在此基礎上，透過日中貿易取得其在東南亞市場的競爭優勢，進一步形成連結中國、東南亞、日本、墨西哥與歐洲的海上貿易網絡（張慧珍，2013: 204）。日本則是在此一貿易網絡中，扮演關鍵的樞紐角色。然而，江戶幕府第二代將軍德川秀忠上任之後，原本屬於外向的、開放的海外貿易管理方針，開始朝內向的、封閉的海外貿易限制措施發展。此一安全保障政策的轉變，主要是出於江戶幕府內部的政治與社會穩定考量。在鎖國的思維下，江戶幕府一方面透過禁教令排除天主教在日本的勢力，以確保武家政權統治的合理性與合法性；另一方面則是限定貿易的港口為長崎、對馬、薩摩與蝦夷，以「天領」（幕府領地）主導「四口貿易」，避免地方大名藉由海外貿易累積財富，進而威脅幕府的統治權力。

　　江戶幕府之所以能夠採取鎖國政策，是因為十七世紀時期的國際環境具有「距離的障壁」（Tyranny of Distance）。「距離的障壁」一詞乃是由澳洲歷史學家Geoffrey Blainey所提出，用以解釋「距離」如何影響澳洲歷史的發展。此一距離，既是指澳洲國土面積的廣大，也是指位處大洋洲的澳洲，與宗主國大英帝國之間的距離（Blainey, 1966）。遠離當時西方政治與經濟中心的澳洲，雖然有強烈的不安全感，但也獲得充分的空間得以出現具區域特色的文化發展。對十七世紀的西歐列強而言，東北亞日本的距離，不亞於大洋洲的澳洲。正是這樣的距離，讓日本保有以鎖國來保障安全的自由；也正是因為這樣的距離，讓日本在對外防衛能力上極其脆弱（五百旗頭眞，2000: 1）。

　　自1639年禁止葡萄牙船隻入港開始，至1854年日美簽訂《神奈川條約》為止，江戶幕府的鎖國政策共實行215年。215年的鎖國時期，江戶幕府不僅堅決拒絕來自俄羅斯、英國、法國與美國等國的貿易要求，也對日本民眾發佈嚴格的禁海令。而來自海外的各種勢力，則是透過各種方法尋求與日本的貿易機會。例如，法國、英國與美國的船隻，都曾經借掛荷蘭

的國旗入港貿易；俄羅斯則是為了滿足其在遠東地區發展的食糧需求，多次透過主管蝦夷的松前藩，與幕府交涉通商事宜。值得一提的是，1806年至1807年之間，與江戶幕府數次交涉失敗的俄羅斯使節雷沙諾夫（Nikolay Petrovich Rezanov），命令麾下士兵強行登陸庫頁島、澤捉島等松前藩領地，並襲擊當地的幕府駐軍。此一「文化露寇」事件，雖然引起江戶幕府對蝦夷地（含北海道、庫頁島與千島群島）防衛的重視，但卻未能改變當時鎖國的安全保障思維。

1853年，美國東印度艦隊司令培里（Matthew C. Perry）率領蒸汽船艦隊（當時稱之為「黑船」）強行駛入日本橫須賀港，並為登陸進行海岸丈量的準備。培里要求江戶幕府開港通商，並向德川政權遞交美國總統菲爾莫爾（Millard Fillmore）的親筆書信。當時的江戶幕府雖然允許培里一行人於久里濱登陸，也接受了美國總統的親筆書信；但因第十二代將軍德川家慶重病臥床，無法決議重大國家事務，雙方同意延遲一年再議。隔年的1854年，培里再度率領艦隊來日。經過一個月的協商，日本與美國簽訂《神奈川條約》，正式終結江戶幕府的鎖國政策。

為了對應美國的「黑船來襲」，江戶幕府也曾嘗試在港灣設置障礙物與建置砲臺，但依舊無法對抗歐美列強的蒸汽船艦。《神奈川條約》之後，俄羅斯、英國、法國等國，也紛紛要求與日本簽訂友好通商條約。經此事件之後，日本被迫登上十九世紀的國際舞臺，成為東亞地區的行為者（actor）之一。而江戶幕府也因此失去統治的威信，致使內部壓抑已久的政治、經濟與社會問題，紛紛浮出檯面，正式進入民族主義、尊王攘夷、西化運動等各種思維交錯的「幕末時期」。

貳、明治維新之後的日本安全保障

一、臺灣與日本帝國的安全保障

（一）日本帝國的「主權線」與「利益線」

　　1850年代，初次登上國際政治舞臺的日本，立即發現其身陷西方列強為非西方國家所設計的不平等條約網絡之中。此一網絡機制包括條約港，固定關稅、最惠國待遇、治外法權等制度，且已被應用於暹羅（1855年）、波斯（1857年）、中國（1858年）、土耳其（1861年）等國。因此，日本國內的有識之士與民族主義者抨擊這套機制，並將其視為對國家主權的侵犯。不平等條約網絡的修正與廢除，是當時日本內政中最迫切、最具爆炸性的議題（Jansen, 1984）。中國在「鴉片戰爭」的失敗經驗讓日本了解到，與西方直接對抗是無效且危險的，唯一的選擇是學習西方的技術，並建立現代的國家體制加以因應。

　　歷經幕末時期的短期動盪，新成立的明治政府，一方面透過大政奉還、廢藩置縣、土地改革、徵兵制等「明治維新」的政策措施，走向中央集權的帝國發展路線；另一方面則是積極確立新帝國的領土疆域，包括與俄羅斯交涉北方的庫頁島、千島群島的歸屬，與滿清交涉南方琉球群島的歸屬，以及與英美交涉東南方小笠原群島的歸屬。經過數年的交涉，日本放棄庫頁島換取對千島群島的支配權，並將小笠原群島與琉球劃歸明治國家的領土。確立國家疆域後的明治政府認知到，日本是一個島國，在海岸線的防衛上更顯困難。相較於十三世紀的蒙古來襲，十八世紀開始的工業革命，讓西方國家的科學技術得以快速進展，消弭了原本日本倚靠的「距離障壁」。此一「黑船來襲」的經驗，讓明治政府徹底了解到，海洋與距離不再是日本安全保障的優勢；如何拒敵於「境外」，即成為當時考量日本安全保障課題的重點。

　　對明治政府來說，面對來自亞洲大陸的威脅，朝鮮半島是日本必須掌

控的「境外」決戰之地。明治初期由西鄉隆盛、板垣退助、江藤新平、後
藤象二郎、副島種臣等人主張的「征韓論」，其導火線雖然是朝鮮拒收明
治政府的國書，但在明治政府內部的討論過程中，「經略」概念逐漸凌駕
於原始的「睦鄰」思維之上（吉野誠，2000：11）。換言之，以宣揚維新
理念與天皇威令為目的的「征韓論」，其原始的出發點，依舊是十三世紀
以來日本在安全保障上念茲在茲的「支配」朝鮮半島。而面對來自海洋另
一邊的西方威脅，海洋則是日本必須掌控的「境外」決戰之地，琉球與臺
灣在此扮演關鍵的角色。1872年，明治政府將琉球王國置於鹿兒島縣的管
轄，通告其奉行明治年號，並要求琉球與滿清斷絕往來，迫其改制為「琉
球藩」。1874年，明治政府以琉球難民遭臺灣原住民殺害為由，發動「征
臺之役」（臺灣稱之為「牡丹社事件」）。

　　就地緣政治（geopolitics）的觀點而言，當日本帝國在將國家的安全
保障建構在朝鮮半島的支配時，地緣條件就成為無法克服的戰略限制。進
一步地說，當日本的安全保障取決於朝鮮半島的掌握，而朝鮮半島的安全
取決於中國東北（滿洲）的安定時，此處就成為日本、中國與俄羅斯的核
心戰略關鍵地。這是因為，東北滿州是中國華北地區的屏衛，也是俄羅斯
遠東地區的生存命脈。如此一來，中日俄在地緣戰略上的結構性衝突，就
成為無法避免的事實（何燿光，2013：233）。1894年的甲午戰爭與1904
年的日俄戰爭，既是日本帝國對外擴張的侵略政策，也是日本帝國尋求自
國安全保障的傳統思維。

　　當時的外務大臣陸奧宗光，曾在其執筆的外交記錄著作《蹇蹇錄》
中提及，朝鮮國經常陷入朋黨鬥爭與內閣暴動，欠缺一個獨立國家應有之
責任。有鑑於朝鮮半島對日本帝國的利害關係，針對朝鮮國的動盪，日本
不僅應該伸出援手，以建立兩國邦誼；更應該主導讓其脫離中國，並恢復
「安寧靜謐」，以全日本「自衛之道」（陸奧宗光，1929[1983]）。陸奧
宗光的觀點，可以反映出明治政府朝向帝國發展時的安全保障思維：即
固守本國「主權線」的同時，也強調「利益線」的防護。而此一利益線上

的焦點，則是朝鮮半島。按照當時陸軍軍人出身的內閣總理大臣山縣有朋的說法，俄羅斯的西伯利亞鐵路完工後，即是朝鮮半島多事之秋的開始；朝鮮半島的多事，會直接影響東洋（日本）的變動（渡辺利夫，2007: 7）。換言之，對當時明治政府而言，維持朝鮮國的獨立，進而支配朝鮮半島，實乃保障日本利益線的至急之務。

另一方面，明治政府也同時受到馬漢（Alfred Thayer Mahan）的海權論影響，重視海洋軍力的建置與南洋地區的經略。馬漢於1890年出版的《海權對歷史的影響》（*The Influence of Sea Power upon History: 1660-1783*）一書，透過日本海軍省外圍團體「水交社」的翻譯，在明治政府內部形成一股「建軍制海」的風潮。馬漢分析1660年至1783年的美國海軍歷史後，歸納出國家最關鍵的力量在於「制海權」。這是因為，海洋同時具有高度的經濟價值與軍事價值。在經濟價值方面，海洋的運輸體系能為國家帶來大量商業利益；而在軍事價值方面，海洋可保護國家免於在本土交戰（Mahan, 1918[1890]）。

（二）日本帝國安全保障的臺灣角色

受到利益線與海權論的影響，在甲午戰爭中獲勝的日本帝國，向戰敗的清朝索取了遼東半島與臺灣。前者是穩定與支配朝鮮半島的重要布局，後者則是制海揚威的戰略方針。1895年4月，日本與清朝簽訂《馬關條約》，臺灣的割讓已成定局，日軍也開始向臺灣進軍。日本的軍隊，從1895年5月自臺灣北部登陸後，到同年11月大本營宣佈臺灣全島平定為止，日軍總共投入陸軍2個半師團約5萬人，軍屬和軍伕2萬6,000人，軍馬9,500匹，佔當時陸軍3分之1以上的兵力。海軍則動員了大半的聯合艦隊（小熊英二，1998: 71）。臺灣島內的激烈抵抗，出乎日本政府的意料之外。

另一方面，甲午戰爭的勝利，使日本國內瀰漫一股「大日本主義」的風潮。對抱持「大日本主義」的日本領導菁英階層而言，臺灣的獲取決

非大日本帝國主義的終點，而是日本國力向西方（中國華南地區）與南方（南洋地區）延伸的墊腳石。最早將這種思想露骨地表達出來的，是第二任臺灣總督桂太郎的「意見書」。根據桂太郎的意見，臺灣的設施經營，「不應只限於臺灣的境域，而應以制定更遠大的、對外的進取政策」。此一對外進取政策，應先「與廈門保持密切的交通聯繫，確保我國在福建一帶的勢力」；接著「以臺灣爲立足之地，以廈門爲港口門戶，將我國勢力向華南地區延伸」；「將來再以臺灣爲根據地，向南洋地區伸張我國政商勢力」（鶴見祐輔，1965: 414-417）。簡單來說，以臺灣爲起點，經營中國華南地區，將日本帝國的勢力伸向南洋地區，是當時日本帝國指導者胸中所擘劃的國策藍圖之一。

此一國策大綱出現的背景，是因爲俄、德、法三國以「友善勸告」爲藉口，迫使日本把遼東半島還給清朝。「三國干涉還遼」事件，粉碎了日本欲將朝鮮置於本國保護之下的構想。當時日本首相山縣有朋所規劃之「義和團事變善後策」（北清事変善後策）中，針對甲午戰爭後日本帝國的對外政策，主張「遼東的歸還與威海衛的放棄之後，考察東亞形勢與國力的盈虛，應採北守南進」（大山梓編，1966: 261）。此一南進政策的構想，之後爲同樣是長州藩出身，也是山縣有朋直系的桂太郎所承繼。最初將南進政策具體化的官方文書，是第四任臺灣總督兒玉源太郎的「關於臺灣統治的既往與將來備忘錄」（臺湾統治ノ既往及将来ニ関スル覚書）。在備忘錄中，兒玉延伸桂太郎的南進政策，力陳臺灣島內統治乃是華南地區經營的基礎（鶴見祐輔，1965:88-94）。兒玉源太郎與桂太郎兩人同爲長州藩山縣派系，平日私交親篤，在政治上也是盟友關係。因此，在南進政策上，兩人持有相似的意見並非偶然。

事實上，不僅是桂太郎與兒玉源太郎，除了首任臺灣總督樺山資紀（在任期間爲1895年5月至1896年6月）爲薩摩藩的海軍武官之外，從第二任的桂太郎到第七任的明石元二郎爲止，臺灣總督均爲長州藩山縣有朋派系，或是其後繼者寺內正毅派系出身的武官。舉例來說，第二任臺灣總

督桂太郎（1896年6月至同年10月），第三任總督乃木希典（1896年10月至1898年2月），第四任總督兒玉源太郎（1898年2月至1906年4月），第五任總督佐久間佐馬太（1906年4月至1915年5月），均為直屬山縣有朋派系的長州（現山口縣）武官。第六任的安東貞美（1915年5月至1918年6月）直屬寺內正毅派系，長野出身。第七任臺灣總督為深得寺內正毅信賴的明石元二郎（1918年6月至1919年10月），福岡出身。

　　透過北守南進政策與臺灣統治政策的連結，屬於山縣系以及寺內系的臺灣總督之種種思慮作為，決定了甲午戰爭後日本帝國的發展方向，以及新殖民地臺灣的角色地位（大江志乃夫，1993: 8）。也就是說，臺灣的取得，在一定的程度上改變了日本帝國的安全保障政策方向。然而，臺灣總督府主導之廈門佔領計畫的失敗，以及俄羅斯佔領滿州的舉動，讓二十世紀初期的「北守南進」政策大綱，急速向「北進論」傾斜，最終引發了「日俄戰爭」。

　　無論是「北進」還是「南進」，當時日本帝國的安全保障政策，是掌控在前述長州藩陸軍的手中。長州藩陸軍在甲午戰爭之後，透過「總督／都督武官專任制」，獨占了日本的殖民地支配權。1913年，薩摩藩海軍的山本權兵衛出任日本首相後，開始對陸軍的殖民地支配權力提出挑戰。山本權兵衛企圖廢止「總督、都督武官專任制」與擴大內務省監督權限，從根本顛覆陸軍殖民地支配的基礎。同時，為對抗陸軍的北進論，海軍再度高唱南進論。1936年8月，在日本國內高唱南進論的背景下，南進政策經由日本內閣會議議決，首度正式成為日本「國策的基準」。明確記載：「鑒於帝國內外之情勢，帝國必須確立的根本國策，是透過外交國防，一方面確保帝國在東亞大陸的地位，另一方面則向南方海洋發展」（鹿島平和研究所編，1973: 11）。

　　1937年7月7日爆發「盧溝橋事變」後，中國與日本全面開戰，也同時讓海軍對南方的關心再度升高。1938年9月，在海軍的指示下，臺灣總督府作成「南方外地統治組織擴充強化方策」，主張活用臺灣經驗，以確立

日本對廣東、汕頭、海南島的支配權。1939年，日本佔領海南島之後，海軍決定由臺灣總督府來協助該島的開發。日本因決心永久佔領海南島，故在島上大力推行土地改革、皇民化政策、專賣事業以及保甲制度。日本之所以將海南島的開發交付臺灣總督府負責，其中一個重要的理由就是，臺灣的統治經驗與統治技術有助於海南島的治理。這意味著，隨著中日戰爭的擴大，臺灣在日本安全保障上的地位日形重要（李世暉，2006）。

　　上述對於日本帝國安全保障的論述，顯示了自明治維新、甲午戰爭、日俄戰爭以來，不可分割的歷史連續性。若以臺灣為分析焦點，可以發現：取得臺灣以進行殖民統治的經驗，不僅是日本帝國確保利益線的起點，也直接影響了後期的滿州、中國本土乃至大東亞共榮圈的國策方針。因此，就具體的安全保障方針而言，臺灣既是日本帝國主義向大東亞擴張的起點，更是日本大東亞共榮圈的中心（見圖3-1）。

二、日本帝國的安全保障思維

　　隨著太平洋戰事的膠著與不利，日本帝國的經濟力與金融力急速地弱化。而日本在占領地大量發行軍票以籌措軍費的作為，造成佔領地區的物價加速膨脹，更進一步危及日本統治的基盤。整體而言，在日本帝國的安全保障構想中，日本的軍事力以及其背後的經濟力，就像是一張覆蓋在大東亞共榮圈之上的薄網。隨著時間的流逝與大東亞共榮圈範圍的擴大，這張薄網的網孔就變得愈大，網線就變得愈脆弱。結果，以大東亞共榮圈構築日本安全保障體制的美夢，最終在太平洋戰爭中化為泡影。

　　此一時期的日本帝國安全保障思維，可以從四次「帝國國防方針」的制定與施行，一窺其重點與特色。最初的「帝國國防方針」是在日俄戰爭結束後的1907年制定施行，以開國進取為國家目標，並主張擴張國家權力與增進國民福利。在國家戰略方面，否定本土防衛的思維，強調的是攻勢作戰。特別指出，日本帝國的國防重點為滿洲、朝鮮半島、中國與東南亞

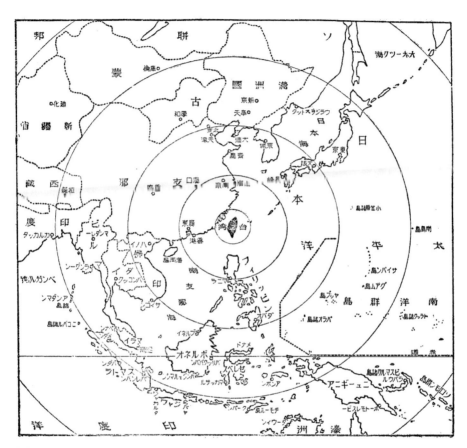

圖3-1　臺灣為大東亞共榮圈的中心

資料來源：朝日新聞社編（1944: 2）。

地區。此一國防方針主要是確保日本在亞洲大陸的既得利益，是為了將來日俄再戰作出的國防方針。在假想敵的順序上，依序為俄羅斯、美國、德國與法國（島貫武治，1973: 2-16）。

　　第一次世界大戰期間，日本一方面利用歐美各國忙於歐陸戰事之際，在權力真空的亞洲地區大幅擴張勢力；另一方面則是利用戰爭景氣賺取大量外匯，作為擴張軍備的財政基礎。依據1918年制定的第二次「帝國國防

　　方針」，日本的假想敵依序爲俄羅斯、美國與中國。然而，由於俄羅斯出現共產革命，日本陸軍在中國東北的壓力大幅減輕；而美國海軍的快速發展，令日本海軍積極擴大艦隊規模。在陸軍方面，日本戮力推動陸軍裝備的現代化，但其戰時兵力從原本的50個師團減少爲40個師團；在海軍方面，因應美國海軍實力的增強，日本提出八八艦隊的預算規劃。依據八八艦隊案的規劃，日本海軍必須維持艦齡八年以內的八艘戰艦與八艘裝甲巡洋艦的主力艦隊。若以預算金額來看，1920年通過的建軍預算，陸軍是4億8,659萬日圓（14年），海軍是8億5,900萬日圓（8年）。其中，海軍艦艇的建造費用爲6億8,036萬日圓（中村隆英，1985: 117-118）。

　　第三次「帝國國防方針」乃是因應1922年《華盛頓海軍條約》後的國際情勢，於1923年進行制定與施行。依據該條約的內容，日本海軍主力艦的總噸位與數量只能爲美、英兩國的六成（5：5：3）。條約也同時規定，簽約國各國所屬領土及屬地之要塞，以及海軍基地，應維持本條約簽訂時之現況。換言之，日本不得新建要塞、海軍基地與沿岸防禦工程。在此背景下的第三次「帝國國防方針」，乃積極強調國防的目的，是爲了保障帝國的自主與獨立。此外，方針中亦指出，美國的亞洲政策與國內的排日運動，勢必激化日美兩國的衝突。由此，日本首度將美國視爲第一假想敵國，並強調以建立同盟、先制攻擊取得戰略優勢的重要（黑川雄三，2003）。

　　1936年，日本宣布退出第二次倫敦海軍裁軍會議，結束了持續13年的國際裁軍時期（1923年至1936年）。同年，日本制定第四次「帝國國防方針」，將天皇的決斷謀劃、八紘一宇的大義視爲國防的基礎，將彰顯國威視爲國防的目的。同時，強調日本應具備維持東亞地區安定的軍事力量，並要有長期戰爭的準備。此時，美國與俄羅斯是日本的主要假想敵國，而中國與英國則是次要的假想敵國。值得注意的是，1936年的第四次「帝國國防方針」中，將國防的本質意涵由保障國家的自主獨立與增進國家的發展，改爲提高國家的權威與繁榮國家的經濟（黑野耐，2000）。

　　帝國時期的日本歷經甲午戰爭、日俄戰爭與太平洋戰爭等三大重要戰事，其歷次「帝國國防方針」的內容要點，也體現在三大戰爭的起源、發展與結果上。若以前述四次帝國國防方針的內容變遷來看，帝國主義日本的安全保障核心，是從「維護獨立」擴大為在東亞地區「確保利權」（參照表3-1）。為了達成此一安全保障目標，日本一方面設定主要假想敵國，另一方面則是調整海軍與陸軍的戰力比重。在外交面向上，帝國時期的日本因應主要假想敵國的變遷，在不同的時期採取了「日英同盟」、「日蘇互不侵犯」、「德日義三國同盟」等外交政策。

表3-1　日本帝國國防方針的變遷

	公布時間	國防概念	假想敵國	安全保障思維
第一次帝國國防方針	1907年	開國進取、擴張國家權力、增進國民福利	依序為俄羅斯、美國、德國與法國	否定本土防衛，強調的是攻勢作戰
第二次帝國國防方針	1918年	同第一次帝國國防方針	依序為俄羅斯、美國與中國	以八八艦隊案來確保日本帝國的海洋安全保障
第三次帝國國防方針	1923年	保障帝國的自主與獨立	美國為第一假想敵國	以建立同盟、先制攻擊取得戰略優勢
第四次帝國國防方針	1936年	在天皇決斷、八紘一宇的大義下彰顯國威	美國與俄羅斯是主要假想敵國	應具備維持東亞地區安定的軍事力量，並要有長期戰爭的準備

資料來源：作者自行整理。

　　綜上所述，在國家邁向強盛的過程中，帝國時期的日本隨著其安全保障環境之變遷，數度調整其安全保障戰略。而其整體的安全保障政策，則以下列兩種樣態呈現。第一種是透過軍事手段，奪取可供殖民之用的海外領土。此一帝國主義政策，一方面可拒敵於本土之外，鞏固日本的主權

線；一方面可讓日本成為與西方列強並駕其驅的帝國，彰顯國家榮耀。第二種是透過貿易、投資與貨幣改革等經濟手段，藉拓展經濟權力而產生跨越國境的國家權力。舉例來說，日本殖民地經營的展開，與殖民地貨幣、金融政策的展開之間關係，有一定的脈絡可尋。那就是：「日本帝國主義先在殖民地或佔領地設立中央銀行，接著發行與日圓連動的中央銀行券來回收佔領前流通的舊通貨，最後將殖民地涵蓋在自國的金融圈之內」（小林英夫，1981：233）。然而，以軍事手段為主、經濟手段為輔的殖民地經營背後，隱藏著日本帝國在經濟力與金融力上不足的陰影。這個陰影，深深影響此一時期日本安全保障政策的形成、發展與崩壞的整個過程。

參、冷戰時期的日本安全保障

　　身為二次世界大戰的戰敗國，戰後初期的日本在自國安全保障的議題上，並未有任何置喙的空間。美國透過《戰後初期美國對日政策》以及《戰後初期基本政策》這兩份文件，一方面強調美國對日本的絕對控制權力，另一方面則是對日本實施嚴厲的懲罰與改造。以完全解除日本武裝為主要考量下，美國主導了戰後初期日本的安全保障政策，並將此一思維載於1946年11月3日公布的《日本國憲法》中。《日本國憲法》第九條第一項規定：「日本國民衷心謀求基於正義與秩序的國際和平，永遠放棄以國權發動的戰爭、武力威脅或武力行使作為解決國際爭端的手段」。第九條第二項規定：「為達到前項目的，不保持陸海空軍及其他戰爭力量，不承認國家的交戰權」（小林直樹，1982）。

　　若從安全保障的角度來看，《日本國憲法》第九條強調的「放棄戰爭」、「不擁有武力」與「否認交戰權」，乃是為了將日本打造成「非武裝」、「非軍事」的和平主義國家。而「非武裝日本」的和平與安全，

則是倚靠1945年成立的「聯合國」（United Nations, UN）。然而，《日本國憲法》公布的隔年，世界情勢、東亞情勢與日本情勢都出現重大的變化。首先，就世界情勢來說，以聯合國為核心進行運作的戰後新國際體系，因美國與蘇聯之間的對立加劇而窒礙難行（田中明彥，1997: 34-35）。美國總統杜魯門（Harry S. Truman）並於1947年3月12日發表「圍堵共產主義蔓延」的國情咨文，宣示以美國為主的自由民主陣營，將對抗以蘇聯為主的共產極權陣營。

其次，就東亞情勢來說，中國共產黨軍隊自1947年7月的「魯西南戰役」後，快速地在「國共內戰」取得優勢，影響了東亞地區的安全保障環境。美國政府在戰時與戰後初期的計畫，原本是通過支持蔣介石領導下的中華民國，來反制蘇聯支持的中國共產黨；之後再倚靠中華民國作為美國在亞太地區的主要盟友，來對抗來自蘇聯與日本的威脅。然而，國共內戰的發展，迫使美國政府重新考慮中國與日本在亞洲的地位與作用（李世暉，1998）。此外，1947年2月，金日成創設「北朝鮮人民委員會」，成為實質統治北朝鮮的政權，也為動盪不已的東亞情勢投入新的變數。

最後，就日本國內情勢來看，駐日盟軍總司令部（General Headquarters, GHQ）對日本進行之政治、經濟與社會的改造雖然宣告初步完成，但在經濟局勢持續惡化的情況下，日本社會開始出現失序的徵兆。舉例來說，1947年9月的平均物價，是戰前1937年7月的200倍，劇烈的通貨膨脹造成日本人民的嚴重不滿，並表現在電力、瓦斯、鐵路、電信電話產業的大規模罷工浪潮上（草野厚，2005: 30-34）。此一情勢發展，讓原本軍事占領應否持續的議題，受到日本國內外的關注。

在世界情勢、東亞情勢與日本情勢均出現重大變化的決策環境中，美國對日本的政策亦出現了轉變。戰後初期的美國，原本專注於處罰日本發動戰爭的勢力，以及摧毀日本潛在的戰爭能力。但是，進入了1948年之後，如何保證日本成為東亞地區的「穩定因素」，開始成為美國對日政策的主流想法。特別在共產主義勢力的威脅下，美國希望一個強大、友好的

日本，能協助其在東亞地區對抗來自蘇聯與中國的威脅。在此一戰略方針下，美國的對日政策必須直接面對下列兩個棘手的議題。

首先是「對日和約」的議題。雖然美國與日本都希望儘快召開和平會議，簽訂和平條約以結束軍事占領的狀態。但是，由誰代表中國出席和平會議，簽約國彼此之間的意見相當分歧。而日本的國會與國內的輿論，則是強烈要求日本政府必須貫徹「全面媾和」的原則（田中明彥，1997：42-43）。最後，由美國提出建議案，即中國國民黨政府與中國共產黨政府均不出席和平會議，由日本決定與哪個中國政府簽約。

其次是「日本再軍備」的議題。在美國主導的《日本國憲法》第九條第二項規定下，戰後的日本「不保持陸海空軍及其他戰爭力量」。然而，面對共產主義勢力的威脅，美國不容許戰略地位重要的日本，成爲一個「無軍備的中立國」。對此，美國一方面透過雙邊的談判，督促日本重新武裝；另一方面則是要求日本主動表態，同意美軍繼續使用日本的軍事基地。

1950年6月25日爆發的韓戰，讓日本成爲戰爭的前線國。此一發展，不僅加速了「對日和約」的進程，也加大了美國對日本「再軍備」的壓力。1951年9月4日，在美國主導的「舊金山和會」上，完成了「對日和約」的簽約儀式。《舊金山和約》對於日本的安全保障，於第五條第三款規定如下：日本身爲主權國家，依據聯合國憲章第51條之規定，擁有個別或集體自衛權等固有權利，同時承認日本得自主締結集體安全協議。此外，爲使美軍能繼續駐留日本，於第六條第一款規定如下：盟國各占領軍必須於本條約生效後的90天之內撤離日本，但本款規定並不妨礙外國武裝部隊，依照與日本業以締結或即將締結之雙邊或多邊協定，而在日本領土上駐紮或駐留（增田弘、木村昌人編著，1996：128-130）。

與《舊金山和約》簽約的同一天，日本與美國在同一城市完成《日美安保條約》的簽字儀式。《日美安保條約》的簽訂，爲美軍駐留日本，以及獨占日本軍是權利提供了法源依據。《舊金山和約》、《日美安保條

約》與日後陸續簽訂的《日美行政協定》、《日美相互防衛援助協定》，構成了一組相互聯繫的條約體系，即所謂的「日美安保體系」。而為了承擔《日美相互防衛援助協定》中所規定的義務，日本政府於1954年通過《防衛廳設置法》、《自衛隊法》，並成立陸上自衛隊、海上自衛隊與航空自衛隊。

在戰後的日美安保體制中，日本一方面接受了美國的保護，成為戰後美國東亞戰略的核心；另一方面則是進行重新武裝，分擔美國在東亞地區的防禦重擔。然而，此一發展態勢，在日本國內引發極大的反彈。戰後的日本，原本傾向在美蘇兩極對峙狀態中，採取中立的態度。但身為戰敗國，日本對於自身的安全保障並無太大的發言權，而是隨著美國的安全保障思維而變化。就冷戰時期的地緣政治而言，蘇聯與中國都是日本的近鄰，而美國則位於太平洋的彼岸。一旦美蘇之間發生戰爭，日本勢必成為共產陣營攻擊的首要對象。在1950年代末期的《日美安保條約》修訂過程中，上述關於可能捲入美蘇戰爭的疑慮，在日本國內激起大規模的「反安保鬥爭」社會運動。

1960年代中期之後，陷入越戰泥沼的美國，國力快速衰退。而日本則是透過「東京奧運」（1964年）的成功舉辦，向世界宣告其完全走出戰敗國陰影，進入已開發國家陣營。與此同時，美國一方面訂定聯合中國遏制蘇聯的亞洲戰略，另一方面則是要求日本應擔負自國的防衛責任，並以「事務性規定」來明確日美兩國在「日美安保體制」中的角色。1978年11月27日，日美兩國通過《日美防衛合作指針》，具體規範兩國在作戰、情報與後勤支援方面的合作方式。日本除了承諾建立自衛所需之防衛力量之外，也同意對介入遠東情勢的美軍提供協助（福田毅，2006: 153）。

進入1980年代之後，面對蘇聯的持續擴張滲透，以及中國採行「獨立自主的外交政策」，美國選擇進一步強化與日本的軍事合作。就日本的安全保障而言，戰後以來所建立的「無核三原則」、「武器出口三原則」、「專守防衛原則」等定性限制思維，以及「防衛經費以GNP1%為上限」

的定量限制思維，也在此一時期受到廣泛議論或部分調整。例如，中曾根康弘內閣時期締結「對美武器技術供予相關交換公文」，同意向美國提供軍事技術，突破了「禁止向共產國家、聯合國決議禁運武器的國家，以及爭端當事國以及可能的爭端國等出口武器」的「武器出口三原則」（西川吉光，2008: 126-127）。

　　整體而言，冷戰時期的日本安全保障是以《日美安保條約》爲基礎，以和平憲法爲界限。日本則是在此一特殊的架構下，相對漠視安全保障所應付出的努力，而只專注自身的經濟發展，並由此創造了日本的經濟奇蹟。隨著國際情勢的轉變，日本雖逐步調整自國的安全保障思維，也漸進地在強化國家的防衛作戰能力；但是，與《日美安保條約》適用範圍、強化防衛能力有關的憲法爭議，始終是冷戰時期日本制定安全保障政策時的重要考量。

肆、後冷戰時期與日本安全保障

　　1989年12月，美國總統布希（George H. W. Bush）與蘇聯總書記戈巴契夫（Mikhail Gorbachev），在地中海的馬爾他島共同宣示，冷戰已經結束，美蘇兩國將不再處於敵對狀態。冷戰的結束，以及隨之而來的蘇聯解體，爲1990年代的日本安全保障環境，投下了巨大的變數。這是因爲，冷戰時期的蘇聯一直是日美安保體制最主要的假想敵，也是日本安全保障最大的威脅。假想敵的消失，讓日美安保體制的軍事同盟基礎，一度受到動搖。具體的例子，是日本國內對於自主性的強調，以及美國國內興起的「日本威脅論」。

　　日本對於自主性的強調，表現在1989年出版的《可以說不的日本》一書中。該書強調，日本必須朝向自主防衛發展，最終應廢止《日美安保條

約》（石原慎太郎、盛田昭夫，1989）。美國則對1990年代初期的日本經濟實力抱持戒心，主張以《日美安保條約》中的駐日美軍，來限制、牽制日本的防衛自主化發展（丁幸豪、潘銳，1993：177）。然而，日本的經濟泡沫化與中國的崛起，讓日本重新體認到，必須與美國合作，在東亞地區持續維持「日美安保體制」的關鍵影響力。

1996年4月16日，美國總統柯林頓（Bill Clinton）與日本首相橋本龍太郎舉行高峰會談，發表《日美安全保障聯合宣言》，強調「日美安保體制」將持續成為二十一世紀亞太地區和平與繁榮的基礎，並同意因應國際新情勢而修改1978年的《日美防衛合作指針》（添谷芳秀，1997）。在此所提及的「國際新情勢」，主要是指波斯灣戰爭後的國際情勢。在波斯灣戰爭期間，來自於國內的阻力，讓日本無法為聯合國部隊提供即時的援助。為強化日本的國際貢獻，以及回應同盟國美國對日本的要求，日本於1992年通過《國際和平協力法》（《PKO協力法》）。依據《PKO協力法》，在日本自衛隊在下述的五個條件下，得以出兵海外執行維持和平任務。此一「PKO五原則」包括：紛爭地區已達成停火協議、獲得紛爭當事國的同意、嚴守中立的立場、前述條件出現變化時得以立即中止任務、最小限度下使用武器等（外務省，2006）。

波斯灣戰爭的經驗，以及《PKO協力法》的制定與施行，直接影響了日本對於後冷戰時期「日美安保體制」的定位認知。1997年9月公布施行的新《日美防衛合作指針》，即是日美兩國重新定義「日美安保體制」的重要協議成果。依據新《日美防衛合作指針》規定的內容，日本得以在現行的和平憲法架構下，最大限度地執行「日美安保體制」的作戰任務。與冷戰時期相比，重新定義後的「日美安保體制」，透過「周邊有事」的概念，不僅擴大了作戰區域，也讓《日美安保條約》的目的，從防衛日本變成因應亞太衝突。換言之，日本安全保障政策的基礎，已由冷戰前的防衛型政策，朝向冷戰後的進攻型政策發展。

2010年之後，日本周邊的安全保障環境再度出現變化。狹義的安全

保障環境變化包括：中國軍備力量的成長與海洋戰略的強化、北韓核子飛彈的威脅、反恐戰爭的全球化發展等。而廣義的安全保障環境變化則有：太空與網路空間的軍事化應用、大規模天然災害的跨國對應等。為因應上述狹義與廣義的安全保障環境變化，日本提出了「灰色事態」（gray zone）的概念與推動行使「集體自衛權」（collective self-defense）。前者是指「既不完全屬於和平時期，也不屬於戰爭有事的廣泛狀態」（防衛省，2014: 2）；後者則是指，與本國關係密切的國家遭受他國武力攻擊時，無論自身是否受到攻擊，都有使用武力進行干預和阻止的權利（筒井若水編，1998: 167）（日本政府對於集體自衛權的見解變遷，可參照表3-2）。

表3-2　日本政府對於集體自衛權的見解

時期	日本政府對集體自衛權的見解	背景環境
1945-1950	並未有明確的論述	和平憲法的頒布與施行
1951-1956	獨立國家除了擁有個別自衛權之外，也應擁有集體自衛權。集體自衛權是將警察預備隊（自衛隊前身）派遣至朝鮮半島	韓戰與對日和約簽訂
1957-1960	集體自衛權是將自衛隊派遣至海外，不應完全予以禁止	日美安保條約的修訂
1970年代	並未有進一步地論述	石油危機
1980年代	集體自衛權是指與本國關係密切的國家遭受他國武力攻擊時，無論自身是否受到攻擊，都有使用武力進行干預和阻止的權利；但日美安保體系下的軍事合作，屬於個別自衛權	能源穩定供給與總合安全保障思維
1990年代	不行使武力的自衛隊派遣海外，不屬於集體自衛權	波斯灣戰爭與PKO
2000年以後	飛彈防衛與先制攻擊等擴大解釋的個別自衛權概念，與集體自衛權概念之間的差異，出現模糊化	反恐戰爭與中國崛起

資料來源：參酌鈴木尊紘（2011: 47），作者自行整理。

　　而日美兩國咸認為，1997年的新《日美防衛合作指針》有再度修正
之必要。2015年4月28日，兩國公布了《日美防衛合作新指針》。依據此
一新指針的內容，日美安保體制的定位與日本的安全保障政策，出現了下
列四項改變。第一，因應「灰色事態」的概念，取消了過去的「平時」、
「周邊事態」、「日本有事」三種不同情況的任務分工，以達成「無縫隙
對應」。第二，因應東亞情勢發展，擴大了美日合作的範圍。第三，落實
日美同盟的全球化，去除了日本自衛隊進行作戰任務的地理限制。第四，
以崛起的中國為主要假想敵（《日美防衛合作指針》的內容變遷，可參照
表3-3）。

表3-3　《日美防衛合作指針》的變遷

	1970年代	1990年代	2010年代
時代背景	越戰結束 低盪與崩壞 美國國力衰退 日本經濟急速成長	波灣戰爭與蘇聯解體、朝鮮半島危機、臺海危機、美日貿易摩擦	恐怖主義的全球威脅、北韓的核武發展、中國國力的快速增長
美國國防政策	尼克森主義 新太平洋主義	重視區域紛爭的處理、削減國防經費、奈伊報告、東亞戰略報告	重返亞洲、建立全球安全、大規模多階段戰役
日本防衛政策	專守防衛 基礎防衛力構想	自衛隊的海外派遣 PKO協力法	集體自衛權 國家安全保障會議
防衛合作指針	1978 就防止侵略、日本遭到武力攻擊以及遠東地區發生對日本產生重要影響的事態時，訂定日本自衛隊和美軍任務分工的具體規定	1997 增加日本「周邊地區」發生不測事態時的美日防衛合作方式	2015 去除自衛隊出兵的地理限制，以及增加集體自衛權解禁後，日本自衛隊與美軍的具體合作方式

資料來源：參酌福田毅（2006: 144）、外務省（2014），作者自行整理。

　　整體而言，後冷戰時期的日本安全保障，不僅在概念上出現「周邊有事」、「灰色事態」等新思維，也在制度上出現「PKO」、「集體自衛權」、「國家安全保障會議」等新發展。而在此一新思維與新發展的過程中，未來日本安全保障的走向與趨勢，可由下列幾個面向進行理解。

　　第一，一元化的防衛決策機制。過去日本的防衛政策，都是透過內閣的國防會議（1956-1986）、以及安全保障會議（1986-2013）進行政策討論。由於內閣的派閥分歧，過去的國防會議與安全保障會議，大多屬於多方意見整合的平臺。2013年12月，安倍內閣成立國家安全保障會議，將其定位為專掌外交、安全保障政策等的指揮統籌部門，並將決策圈縮小為首相、官房長官、外相、防衛相的「四大臣會議」。並於內閣官房下設國家安全保障局，進行資訊與情報的統合，進一步強化首相官邸在外交與防衛政策上的決策能力。

　　第二，主動積極的安全保障政策。有鑑於日本周邊的「灰色事態」有長期化發展之趨勢，特別面對周邊國家在海洋權益與核心利益上的堅持，日本政府的對應態度，從過去的被動因應逐漸轉變成主動積極。其主動積極的安全保障政策，主要表現在建構「統合機動防衛力」、推動「多邊安全架構」、行使「集體自衛權」等方式上。

　　第三，統合的日美同盟關係。日本政府已將當代的日美同盟定義為「安定與繁榮功能的公共財」，並配合美國的亞洲政策，逐漸朝向緊密政治關係與經貿關係的「統合日美同盟」發展。此一統合的日美同盟關係，主要表現在具有自由、民主、人權的共同價值觀；以及具有防止核子武器擴散、維護亞太區域穩定等共通的安全保障戰略目標上。

第四章
明治維新後的日本經濟安全保障

　　1785年，日本江戶時代著名的地理學家林子平（1738-1793），以經濟地理學的觀點撰寫並出版《三國通覽圖說》一書。該書一方面以圖解說明與日本隣接的朝鮮、琉球、蝦夷三國，以及附近島嶼的風俗民情；另一方面則對施行鎖國政策的德川幕府，提出開發海外地區的重要性。以蝦夷國（今北海道地區）為例，林子平指出，在俄羅斯勢力日漸南下之際，日本與蝦夷國之間為脣齒相依之關係。對幕府而言，蝦夷國的經濟開發（特別是金、銀、銅礦的開採），乃是當務之急（大畑篤四郎，1983: 71-72）。緊接著林子平之後的本多利明（1744-1821），則是透過《經世秘策》、《西域物語》等著作，主張日本必須學習歐洲強國的發展經驗，遂行貿易與開發並重的「通商開發事業」。不過，本多利明強調，與歐洲強國相比，國力相對不足的日本，應專注於日本周邊島嶼的「通商開發事業」（中沢護人、森数男，1970）。

　　就當時的東亞局勢而言，林子平的「開發蝦夷」與本多利明的「通商殖民事業」，主要都是為了防範俄羅斯的南下而提出的政策建言。另一方面，佐藤信淵（1769-1850），則是強調英國對東亞地區，以及對日本的威脅。佐藤信淵在《防海策》提及，在西風東漸之勢下，日本必須採取積極作為。此一積極作為包括：推動海外通商貿易以強化日本國力、出兵菲律賓以建立日本在南洋地區的前進基地等（大畑篤四郎，1983: 74-75）。與林子平、本多利明相較，佐藤信淵除了強調英國的威脅之外，更主張日本必須從「消極專守」的海防思維，轉為「積極進攻」的殖民同化思維。此一對東亞地區的開發、殖民、同化政策主張，讓佐藤信淵的思維被認為是日後「大東亞共榮圈」的思想始祖（Eldridge, 2008: 31）。

　　在西方勢力東漸的德川幕府末期，前述的「經世家」們所擔心的危機，由太平洋彼岸的美國開啓了序幕。1853年，美國東印度艦隊司令培里，帶著美國總統的國書率艦隊駛入江戶灣。此一「黑船來襲」事件，以及隨後簽訂的《日米和親條約》（《神奈川條約》），宣告日本已陷入西方國家所建構的殖民規則之中。此一殖民規則包括條約港、固定關稅、最

惠國待遇、治外法權等一連串不平等的規定，除了侵犯國家主權之外，也剝削了日本的經濟利益。明治初期的日本，則是在上述的安全保障思維下，一方面導入西方的經濟理論，促進內部的帝國化發展；另一方面參照西方國家的帝國資本主義模式，逐步擴大日本帝國在亞洲地區的經濟勢力。

壹、日本帝國的經濟學爭論

　　1867年6月9日，在內部社會體制紛亂，外部西方勢力威脅的情況下，坂本龍馬與土佐藩士後藤象二郎在藩船「夕顏丸」上，共同商議新國家體制的八項基本方針，也就是著名的「船中八策」。船中八策的全文如下（坂本龍馬，2010[1967]: 2）：
　　第一策，應將天下政權奉還朝廷，政令亦應出於朝廷。
　　第二策，應設上下議政局，置議員以參萬機，展公議以決萬機。
　　第三策，有能之公卿諸侯，以致天下人才，應賜官晉爵，以為顧問，並廢除有名無實之官。
　　第四策，應廣採公議以交外國，檢討規約以定其當。
　　第五策，應覆核古有之律令，撰定完善之法典。
　　第六策，應擴張海軍。
　　第七策，應置親兵以守衛帝都。
　　第八策，應與外國訂立平衡金銀貨物交易之法。
　　「船中八策」的第一策，直接影響「大政奉還」與明治政府的成立；之後的謀策也多成為「明治維新」的重要精神。包括第二策的推動日本議會政治發展，第三策的培育人才，第四策的廢除不平等條約，第五策的制定國家根本大法（憲法），第六策的強化海軍軍力，第七策的設置親衛

軍，以及第八策的貨幣制度改革。

　　對於新成立的「明治政府」而言，最重要的外交課題是廢除不平等條約與處理朝鮮半島問題。前者是從國家經濟的角度，對西方國家提出修正通商條約的要求；後者則是從國家發展的角度，將日本的勢力擴張至鄰近的朝鮮半島。明治初期，負責與西方國家交涉的寺島宗則外務卿（1885年改稱外務大臣），在「確保政府財源」、「對外貿易優先」的思維下，關注的是通商條約中的關稅自主權。之後接任的井上馨外務卿，則是透過推動國內制度的「西歐化」，與西歐國家協調通商條約中的司法管轄權問題。

　　明治政府戮力推動廢除不平等條約的同時，也因相關制度的變革，衍生出另外兩項重大的社會變化。首先，對於當時的開明知識份子而言，仿效西歐制度，建立西歐式的現代文明國家，是日本帝國邁向富強的唯一道路。而修改不平等的通商條約，則是邁向富強的第一步。福澤諭吉的「脫亞入歐」論，即是此一思維的代表論述。其次，歐化政策與傳統日本慣習之間的扞格，導致反西歐情感在社會的擴散，助長日本國內的民族主義情緒。此一民族主義情緒，結合了西歐文明一貫強調的民主主義，在明治初期發展成強調「民權」與「國權」的「自由民權運動」（田村安興，2004）。總的來說，疾呼廢除不平等條約的明治政府，自「岩倉使節團」於1871年出訪歐美之後，即深切地感受到歐美與亞洲在文明發展上的差距，也明確意識到日本必須通過各種維新政策，仿效西方文明，實現富國強兵，以作為修改不平等條約的準備條件。

　　朝鮮半島問題作為明治政府初期的另一項外交課題，主要表現在日本國內的「征韓論」上。當時的征韓論，除了有過去以來的「防衛日本本島」思維外，也含有重要的經濟意涵。日本自1876年與朝鮮簽訂《日鮮修好條規》（《江華島條約》）後，否定清朝對朝鮮的宗主權，獨占朝鮮半島的貿易市場。對日本來說，當時的朝鮮半島不僅是重要的農產品資源輸入市場，也是工業製品的輸出市場。1885年3月16日，在征韓論的

社會氛圍下，明治時期的思想家福澤諭吉在《時事新報》上發表著名的
「脫亞論」。福澤諭吉認爲，西洋文明已蔚爲風潮，日本必須脫去陳規舊
習，採用西洋近代文明，以「脫亞」二字在亞洲開創新格局。對於受到
西方國家勢力侵襲的中國與朝鮮，日本也不必因爲「唇齒相依」的鄰國
思維而同情，亦可仿效西方國家對中、朝兩國的態度方式（福澤諭吉，
1960[1885]: 238-240）。

　　上述廢除不平等條約與處理朝鮮半島的外交課題，也同時反應在當時
日本國內的經濟學發展上。德川幕府末期的經濟思想，是以「重商主義」
的經濟學派爲主，重視的是金銀貨幣與對外貿易（矢嶋道文，2003）。
進入明治時期之後，以穆勒（John Stuart Mill）爲代表的自由主義經濟
思想，透過田口卯吉在《東京經濟雜誌》的大力宣揚，成爲明治初期日本
社會的主流思維。明治中期之後，部分受到德國國家主義影響的經濟學
者，開始批判強調市場的自由主義經濟，主張國家在經濟發展中的重要角
色。其中，最具代表性的學者是創設東京帝國大學經濟學部的金井延。金
井延自東京帝國大學畢業後，即前往德國留學，並在施穆勒（Gustav von
Schmolle）、華格納（Adolph Wagner）等人的指導下鑽研歷史學派經濟
學，強調國民經濟與國家角色的重要性。

　　在政策層面上，前述日本帝國經濟學的思維差異，主要表現在明治
初期的自由貿易與保護貿易爭論，以及明治中期的貨幣制度改革爭論上。
明治初期，奉行自由主義的田口卯吉主張，日本必須揚棄以國家資本扶
植產業發展的「殖產興業」模式，推動自由競爭的市場機制；同時，在對
外貿易方面，則是支持在自由貿易體制下達成日本的富強（田口卯吉，
1883）。奉行保護貿易主義的代表人物，則是擔任過日本總理大臣的犬
養毅。犬養毅鑒於日本當時之國情，認爲自由貿易實行足以妨礙國內經濟
的發展，因而提倡保護貿易政策。犬養毅並於1880年創設《東海經濟新
報》，與田口卯吉創設的《東京經濟雜誌》，就保護貿易與自由貿易議
題，展開激烈的論戰（陳水逢，2000: 452）。

　　到了明治中期，採行實質銀本位制度的明治政府，在國際銀價持續下跌之際，有意效法西方國家採行金本位制。爲了整合各界對於貨幣制度改革的意見，明治政府於1893年設置「貨幣制度調查會」。「貨幣制度調查會」由來自政官界、學界與財界的25名委員所組成，成員包括前述的金井延與田口卯吉。「貨幣制度調查會」在日本實施金本位制的議題上，大抵分成贊成派與反對派。贊成派的阪谷芳郎（大藏省主計官）、添田壽一（大藏省參事官）等人認爲，銀價的持續下跌將導致對金本位國軍需用品、生產工具等輸入成本的增加，實行金本位制可減輕財政上的壓力。反對派的園田孝吉（橫濱正金銀行總裁）、若宮正音（農商務省商工局長）、澀澤榮一等人認爲，若要掌握中國與南洋地區的商權，必須採用相同的貨幣本位，即銀本位制。其中，田口卯吉等少數成員則是主張，可採行有助於物價穩定的「金銀複本位制」（佐藤政則，2006: 66-67）。

貳、殖產興業與經濟安全保障

　　對於日本帝國而言，在「萬國對峙」的狀況下，明治政府爲了達成經濟與政治的自立，必須建構足以與歐美列強對抗的經濟基礎（杉山伸也，2006: 3）。而其最終目標，則是藉由保障日本的經濟安全，進而保障日本的國家安全。達成此一目標的政策手段，則是由大久保利通主導的「殖產興業」。大久保利通於1874年提出《勸業建白書》，一方面強調「國之強弱由民之貧富決定，民之貧富由物產多寡決定，物產多寡由人民的勞動勤勉與否決定」；另一方面認爲，過去的失敗經驗是因爲「缺乏政府政官的誘導獎勵」，主張建立國家在經濟發展過程中的樞紐地位（立教大学日本史研究会編纂，1970: 561）。由此發展出的「殖產興業」概念，與其後的「富國強兵」概念，被認爲是明治政府邁向現代化國家最重要的兩根

政策支柱。前者是以國家權力扶植產業發展，培植國家經濟實力；後者是以經濟實力為基礎，強化國家的外交與軍事影響力。因此，在日本殖產興業的發展過程中，同時呈現工業化國家的現代性，以及資本主義的軍事性（永井秀夫，1961: 131）。

明治政府的「殖產興業」方針，乃是藉由國家權力來振興民間企業。而其主要政策，則可分為前期的政商保護政策，以及後期的官營軍事工業政策。1874年至1879年，明治政府為了解決貿易赤字的問題，一方面透過整頓金融機構，為民間企業提供發展所需的資金；另一方面則是鎖定具有資金力、經營力的特定商人，如三井集團的三井高福、三菱集團的岩崎彌太郎與川崎集團的川崎正藏等人，協助其成為對抗外資的政策執行者。以海運為例。當時日本的遠洋航線與近海航線，都掌控在歐美海運公司的手中。明治政府雖然在1870年後陸續成立由官方主導的「回漕會社」、「日本國郵便蒸汽船會社」，卻以失敗告終。1874年，決意出兵臺灣的明治政府，原本委託美國的「太平洋郵船公司」（Pacific Mail Steamship Co.）協助軍事運輸，美國政府以「確保中立」為由加以拒絕。明治政府乃購入12艘蒸汽船，交由三菱商社專責協助運輸（井上光貞、永原慶二、兒玉幸多、大久保利謙編，1996: 201-202）。三菱商社在此一政商保護政策下，快速地發展成日本最大的海運公司，並協助明治政府開拓沿岸與遠洋航線，間接促進日本的對外貿易發展。

到了1880年之後，歷經「西南戰爭」的明治政府，在財政困難的情勢下，一方面將礦山、造船廠、水泥製造廠等官營工廠，交付民間經營；另一方面則是以朝鮮「壬午事變」為契機，將舊幕藩經營的武器製造所，進一步發展現代的軍事工業。在陸軍方面，主要是將幕府經營的關口製造所，改為專門生產步槍的「東京砲兵工廠」；將長崎製鐵所機械，改為專門生產山砲、野砲的「大阪砲兵工廠」。在海軍方面，則是以舊幕府經營的橫須賀造船所，以及新設立的「海軍兵器製造所」為修理與造艦的中心。值得一提的是，此一時期的官營軍事工業政策，是以海軍的建軍為重

點。舉例來說，1882年明治政府的軍事預算為5,952萬日圓，其中與軍艦有關的經費為4,200萬日圓，與砲臺有關的經費為552萬日圓，與陸軍有關的只有1,200萬日圓（井上光貞等著，1996: 210-212）。

　　上述日本帝國經濟基礎的建立過程中，關於外國資本的角色，一度在明治政府內部引起相當大的爭議。奉行「殖產興業」的明治政府，經濟政策的一貫方針是透過財政手段扶植日本企業，以保障日本的經濟安全，即經濟的獨立自主。然而，對於一心朝向現代化發展的明治政府來說，如何籌措各項變革措施所需的資金，乃是「明治維新」成敗的關鍵。明治初期的政府資本累積，主要乃是透過對舊幕藩體制的「收奪」（接收與掠奪），完全排除外國資金。1880年之後，明治政府理解到，日本經濟發展的瓶頸在於缺乏完善的貨幣金融制度（大石嘉一郎，1989）。然而，欲進行貨幣制度變革的明治政府，卻因財政困難而出現不同的政策方針：一是募集外債政策，主張透過外國資本的協助，確立日本的信用貨幣制度；贊成者以薩摩藩的政治勢力為主，包括大隈重信、黑田清隆、西鄉從道、川村純義、山田顯義、大山巖等人。一是財政緊縮政策，主張透過貿易黑字，增加貨幣發行的黃金準備；贊成者以長州藩的政治勢力為主，包括伊藤博文、井上馨、山縣有朋、大木喬、松方正義、佐野常民等人。最後，由松方正義主導的財政緊縮政策取得優勢，明治政府並於1882年仿效比利時的中央銀行制度，設立日本銀行獨攬貨幣發行權。

　　整體而言，明治初期至明治中期的「殖產興業」政策，對當時日本安全保障的重大意義在於：維持日本經濟的獨立與自主。在此一國家目標下，明治政府一方面設立工部省（1870-1885），以官營企業的方式推動鐵路、造船、礦業、電信、郵政等基礎建設；另一方面則是建立現代貨幣與金融體制，以國家力量扶植日本的民間企業。也在相同目標下，明治政府對於外資抱持戒慎的態度。在民間金融機構部分，除了支持大型私立銀行之外，也鼓勵中小規模地區銀行的設立，並以低利率提供市場相對充裕的資金；在中央銀行（即日本銀行）部分，則是完全排除外國資本，而是

以日本政府與民間企業共同出資設立。當時，日本銀行的資本金為1,000
萬日圓，半數由日本政府編列預算，半數向三井、川崎、安田、鴻池、住
友等財閥募資（日本銀行百年史編纂委員会編，1982: 226）。

　　總的來說，從明治維新之後，日本確立了「殖產興業」的工業發展
模式，以及「富國強兵」的經濟安全保障原則。而此一模式與原則，乃是
依據下述三個面向循序漸進：第一，藉明治政府建構的中央分配機制，樹
立民族國家；第二，以國家的政策手段，確保及增加國庫收入；第三，設
置不同產業領域的國營事業，建立國家主導的經濟發展形式（Sheridan,
1993: 23）。上述之國家政策、國營事業與財閥，在十九世紀的東亞舞臺
上，共同打造了帝國日本經濟安全保障的基礎。

參、殖民地臺灣與經濟安全保障

　　西元1816年，英國頒布鑄幣條款，允許金幣的自由鑄造、自由兌換與
自由輸出入，成為首度採用金本位制的國家。到1876年為止，歐陸的主要
國家包括義大利、比利時、荷蘭及瑞士等國，先後成為金本位制國家，形
成以歐陸先進國家為主的國際金本位體系。由於當時的英國在海外領有廣
大的殖民地，掌控全球50%以上的黃金產量，對國際金本位制的運作擁有
絕對的影響力。特別是當英鎊在國際上被廣泛使用之際，直接促成倫敦金
融市場與其他國家金融市場密切連結。而透過上述連動與連結，英國乃被
賦予指導國際金融政策的權力（Cohen, 1978: 81-82）。

　　而當時的歐洲金本位制國家，特別是英國，在政策上主觀地希望維持
東亞地區各國的銀本位制。這是因為，歐洲各國相繼放棄銀本位，採用金
本位時，將會導致國際銀價的下跌，增加各國施行金本位制的成本；而東
亞地區銀本位制的存在，將有助於國際金銀匯率的安定。因此，英國早在

1871年日本頒布《新貨條例》之際，就反對日本施行金本位制，希望日本
採用銀本位制。然而，進入1890年代以後，歐洲各國在東亞地區的殖民
地，其主要的貿易夥伴，逐漸由原本的銀本位國轉為以金本位國為主。對
實施銀本位的這些地區來說，銀價的暴跌雖有助於出口的增加，但同時增
加了匯兌的風險。而不安定的國際匯市也誘發東亞地區的投機交易，波及
到該地區物價的穩定（小野一一郎，2000: 163-164）。一旦歐洲金本位
國了解到，維持東亞地區銀本位制已不符其經濟利益之際，阻礙日本金本
位制成立的國際因素乃大為減輕，日本始得以順利推動金本位制的成立。

　　在此國際環境下，第二次松方正義內閣決定於1897年10月實施金本位
制。然而，日本的產金量稀少，在國際貿易競爭下入超傾向日漸加速，又
為了支付軍事費用而過度擴張信用（over-loan）。在先天不足，後天失調
的情況下，日本欲依賴黃金做為通貨發行準備以建立金本位制，一開始就
被認為是窒礙難行的。由於缺乏與貨幣發行量相應的黃金準備，日本乃將
甲午戰爭的賠償金3億6,000萬圓，置於倫敦金融市場充當英鎊準備（小野
一一郎，2000: 211）。這種減輕黃金準備的替代方案，雖使日本藉由參
與國際金本位制，得以獲取國際貿易上的便益；但是，日本也因此付出相
應代價。由於日圓與英鎊的連動，使日本被迫承受英鎊外匯市場的波動，
也使得日本對英國的金融依賴程度大幅上升。

　　結果，對資本不足的日本來說，若缺乏外資的支援，就無法順利經營
殖民地；若不藉助國際金本位制的連結，就無法安全且有效地導入外資。
日本金本位制的成立以及外債的發行，正式打開了甲午戰後海外資金得以
流入日本的大門。舉例來說，1895年至1902年的7年間，日本在臺灣所使
用的行政費用與軍事費用，高達2億843萬圓。日本為籌措此一龐大的經
費，決意在倫敦金融市場發行日本國債。1895年至1913年之間，日本在倫
敦金融市場所發行外債的總額，計7,890萬英鎊，換算成日圓的話，其金
額是甲午戰爭賠償金的2倍以上（鶴見祐輔，1965: 190）。

　　另一方面，甲午戰爭的勝利，也使日本國內瀰漫一股「大日本主義」

的風潮。對抱持「大日本主義」的日本領導菁英階層而言，由此開展之「甲午戰後經營」的重點在於，如何將日本的經濟勢力向外擴展。當時，俄、德、法三國以「友善勸告」爲由，迫使日本把遼東半島還給中國，粉碎了日本欲將帝國勢力延伸至朝鮮半島的構想。因此，日本首相山縣有朋在其「北清事變善後策」中主張，在東亞形勢與國力盈虛的考量下，日本應採「北守南進」政策。而臺灣的取得，也成爲日本國力向西方（中國華南地區）與南方（南洋地區）延伸的墊腳石。換言之，以臺灣爲起點的經濟南向擴張政策，決定了甲午戰爭後日本帝國的發展方向，以及新殖民地臺灣的角色地位（大江志乃夫，1993：8）。其中，臺灣貨幣制度的變革過程，是理解此一時期日本經濟安全保障的重要事件。

　　明治政府自1895年領有臺灣之後，時任大藏大臣的松方正義立即發表意見，主張將臺灣銀行的設立視爲日本帝國甲午戰後經營的一環，並強調「開拓臺灣須符利用厚生主義，首應設置金融機關，而此金融機關須爲擁有紙幣發行權的特殊銀行，以便他日非常時期之際，有助於新得領土之財政」（臺灣銀行編，1919：14）。然而，甲午戰後日本國內勢力急速膨脹的實業家們，心中掛念的是如何進出中國市場，對臺灣銀行的設立，抱持相當消極的態度。舉例來說，三井物產的益田孝，雖然一度同意擔任臺灣銀行的創立委員，卻因反對政府的「特殊銀行案」，只當了2個月就辭去創立委員一職。安田銀行的安田善次郎雖然身爲創立委員的一員，卻與政府意見相左，主張將來設立的臺灣銀行應爲一商業銀行，而非殖民地銀行。臺灣銀行的設立，因爲實業家與政府之間齟齬橫生，在草創時期困難重重。爲了讓臺灣成爲明治政府經濟安全保障的一環，山縣有朋內閣重新任命包含臺灣總督府民政長官後藤新平在內的11位創立委員，加重政府官僚在創設委員中的比重，積極推動臺灣銀行的設立（參見表4-1）。

　　以山縣有朋爲核心所組成山縣派系，在日本明治時代末期，結合宮中、陸軍、樞密院、貴族院、眾議院以及文官官僚，是當時日本政界影響力最大的政治集團。1897年前後，從山縣有朋開始，桂太郎（第二任臺

表4-1　臺灣銀行創立委員一覽表

姓　名	職　稱	備　考
野村政則	臺灣事務局長	1897年11月8日就任（1898年1月26日辭任）
添田壽一	大藏省監督局長	〃　　（第一任臺灣銀行總經理）
川口武定	海軍主計總監	〃　　（1898年3月15日辭任）
澀澤榮一	第一銀行總經理	〃
原六郎	帝國商業銀行會長	〃
高橋是清	橫濱正金銀行副總經理	〃
大倉喜八郎	大倉組總經理	〃
安田善次郎	安田銀行監事	〃
鶴原定吉	日本銀行營業局長	〃　　（1899年5月10日辭任）
池田謙三	東京貯蔵銀行總經理	〃
濱田光哲	關西貿易社長	〃
西村眞太郎	大阪四ッ橋銀行總經理	〃
大谷嘉兵衛	茶業組合中央會議議長	〃
木原忠兵衛	日本中立銀行總經理	〃
吉井友兄	東京稅務管理局長	1898年5月7日就任（1899年4月20日辭任）
後藤新平	臺灣總督府民政長官	1899年1月16日就任
松尾臣善	大藏省理財局長	〃
森田茂吉	內務書記官	〃
楢原陳政	公使館二等書記官	〃
水野遵	臺灣總督府財務局長	〃
益田孝	三井物產專務理事	〃　　（1899年3月9日辭任）
松尾寬三	日本勸業銀行監察役	1899年3月9日就任
佐藤里治	商業銀行執行董事	〃
柳生一義	遞信省郵便局長	1899年4月19日就任（第一任臺灣銀行副總經理）
下阪藤太郎	大藏省參事官	〃
土岐僙	第一銀行釜山分店經理	1899年5月10日就任

資料來源：參酌波形昭一（1985: 68），作者自行整理。

灣總督）、兒玉源太郎（第四任臺灣總督）等長州藩山縣系的重要成員，
透過其對臺灣政策的影響力，大力鼓吹臺灣在南進政策中的特殊地位（季
武嘉也，1998: 27-28）。臺灣銀行的設立，正是這種構想的具體實現。
1897年制定的《臺灣銀行法》中，明述臺灣銀行的創設宗旨如下：「臺
灣銀行作為臺灣的金融機構，旨在為工商業及公共事業通融資金，開發臺
灣的富源，謀求經濟的發展，進而將營業範圍擴大到華南地區及南洋諸
島，成為這些國家的商業貿易機關，發揮協調金融的作用」（臺灣銀行，
1919: 14-15）。這正說明，臺灣銀行當初創設的目的，一方面希望遂行其
政治目的 彰顯及強化統治權力，另一方面則是達成其經濟目的 協助日系
資本在臺灣、中國華南以及南洋的發展（李世暉，2008: 92）。

　　《臺灣銀行法》公布2年後的1899年7月，臺灣銀行正式在臺北成立。
1900年5月，臺灣銀行決定於廈門設置分店；這項決策，是以「南進政
策」確立明治政府經濟安全保障的第一項具體提案。當時臺灣民政長官後
藤新平認為，臺灣銀行廈門分店的設置，「並非只為臺灣經營所設之金融
機關，而是為帝國將來經略南洋鋪路。為推進帝國南進，除了廈門分店的
設置以外，別無良策。……（這是因為）今後國際上的競爭，已非用腕力
征服土地人民，而是用金錢收服土地人民」（鶴見祐輔，1965: 426）。
此外，臺灣銀行自1905年之後，也開始在廈門、福州等地發行銀本位的
通用貨幣（即「圓銀通用政策」），強化其在當地的經濟影響力（島崎久
彌，1989: 24-25）。

　　具有前述「經濟安全保障」政策思維的臺灣銀行，利用臺灣的特殊地
位，成功地把勢力伸進華南地區的幾個重要都市，並於這些都市陸續開設
分店與辦事處，發行銀本位的通用貨幣。例如1900年於廈門，1903年於香
港，1905年於福州，1907年於汕頭，1910年於廣東，1911年於上海，以
及1912年於九江（小島仁，1981: 203）。另一方面，臺灣銀行也嘗試藉
由與歐美金融資本的連結，超越「臺灣金融機關」的領域，仿效橫濱正金
銀行，成為一個「對中國金融機關」。1908年，臺灣銀行頭取（總經理）

柳生一義在視察倫敦之際，成功地在英國Perth銀行完成20萬英鎊的信用設定。這對資本額只有500萬日圓，在海外市場毫無知名度的臺灣銀行而言，可說是邁向海外市場成功的一步。柳生一義對此成功的經驗相當興奮，回國後極力主張導入外資以增加臺灣銀行在世界市場上的信用，並以倫敦為中心，在全球市場上籌措開發中國華南與南洋地區的資金（清水孫秉，1922: 63-65）。

臺灣銀行欲藉增資計劃導入外資的構想，在經濟安全保障的思維下，遭受日本政府的反對而被迫中止。這是因為，日本政府考量到，金融體系相對脆弱的臺灣，不宜貿然直接引進大量外資，以免受到國際金融勢力的直接影響。即便如此，臺灣銀行仍透過在中國各地設置的分店，持續推動該行「對中國金融機關」的構想。除此之外，臺灣銀行也配合明治政府對外經濟發展戰略，開始積極介入中國的金融市場，企圖透過對中國的貸款，來掌控中國的經濟與金融。

肆、大東亞金融圈與經濟安全保障

一、日本帝國對朝鮮與滿州的金融支配

1876年的《江華島條約》，不僅使日本在朝鮮擁有治外法權，也讓日本獲得自國貨幣在朝鮮的流通權。為了促進日本貨幣在朝鮮的流通，同時搜購朝鮮的黃金，日本第一銀行決定於1878年在釜山設置分店。對朝鮮來說，江華島條約強迫朝鮮開港，造成各國貨幣，特別是日本貨幣急速地、大量地流入，引發該國貨幣市場的激烈變動，直接造成經濟社會的動搖與不安。面對這種情況，朝鮮國內的親日開化派招聘來自日本的大三輪長兵衛（當時的大阪府會議長），擬定銀本位制的《大朝鮮國貨幣條例》草案。1894年，修正過後的草案，以《新式貨幣發行章程》之名頒布施行。

根據「章程」規定，同為銀本位的日本貨幣與朝鮮貨幣具有相同地位，均為法定貨幣。然而，日本金本位制的成立，改變了日本在「北方」的經濟安全保障政策方針。

日本金本位制的施行，不僅直接取消了日本貨幣在日、朝雙邊貿易上的優勢，也間接影響日本在朝鮮的經濟勢力。為了在朝鮮維持自國的影響力，日本所考慮的替代方案，是臺灣已施行的「圓銀通用政策」。日本在金本位制成立之後，立即仿效臺灣的「圓銀通用政策」，全力推動銀本位通用貨幣在朝鮮的流通。但是，自1900年之後，由於受到俄羅斯在朝鮮的勢力日益增強，日本國內停止鑄造圓銀，以及八國聯軍後的圓銀大量流向中國等因素的影響，朝鮮的「圓銀通用政策」出現窒礙難行的情況。此一發展，迫使明治政府轉換其在「北方」的經濟安全保障思維，從原本以本國貨幣支配朝鮮金融的政策構想，轉為以借款來換取朝鮮的貨幣發行權。此外，1911年的日韓合併之後，根據《朝鮮銀行法》成立的朝鮮銀行，除了遂行殖民地中央銀行職務之外，也是日本帝國在滿州、華北地區進行經濟擴張的尖兵。

然而，二十世紀初期的「北守南進」政策大綱，受到俄羅斯佔領滿州的影響，急速向「北進論」傾斜，最終引發了「日俄戰爭」。日本在戰爭中擊敗俄羅斯，不僅獲得南滿的利權，也大幅增加對中國的資本輸出。若從列強在中國投資的比例來看，日本由1902年的0.1%（約100萬美元），大幅成長至1914年的13.6%（約2億2000萬美元）（波形昭一，1985：155）。與此同時，日本國內也開始從經濟安全保障的觀點，關注中國的幣制改革問題。日本之所以關注中國幣制改革的，主要有下列二項理由。第一，全球市場銀價的大幅下跌，導致銀本位的中國對金本位國的債務，在短期內急速累積，直接影響日本在中國的權益。第二，中國的幣制改革涉及到列強在中國的利權，使其不單單是中國的內政問題，同時也是列強勢力競爭的問題。而日本則欲透過參與中國幣制的改革，增加其在中國的經濟勢力。

當時，日本國內對中國幣制改革問題，可分為以下三種看法（波形昭一，1985: 168-169）：

第一，主張加入「國際借款團」共同督促中國進行幣制改革。

第二，主張以臺灣幣制改革的成功經驗，支持中國地區推行「圓銀通用政策」。

第三，主張推行「日鮮滿」貨幣統合，並以此支配中國的貨幣制度。

在多方意見爭論的過程中，日本政府決意先透過對滿州地區的金融支配，以進一步確立其在北方的經濟安全保障。1906年9月，日本發佈敕令第247號，承認橫濱正金銀行在滿州以及中國地區發行的銀行券（銀本位紙幣），為無限制流通的法定貨幣。然而，正金銀行的銀本位制構想，與南滿鐵道、關東都督府的金本位制之間，出現嚴重的意見分歧。

正金銀行、南滿鐵道與關東都督府之間，關於金、銀本位制構想的衝突戲碼，並非首次出現在日本的政策辯論中，早在1871年的日本貨幣制度改革，以及1899年的臺灣幣制改革之際，就已經出現此類爭論。而金、銀本位制的衝突，也是日本帝國主義發展過程中，關於經濟安全保障論述的縮影。具體而言，正金銀行主張的滿州貨幣政策，不是以「日滿關係」，而是以「日中貿易關係」為政策對象，並以確立「利益線」為政策考量。因此，效法英國的香港上海銀行（現匯豐銀行），以銀本位通用貨幣介入銀本位的中國貨幣體系，可以避免匯兌風險，較符合經濟原則。對此，關東都督府與南滿鐵道認為，為了確立日本的「主權線」，滿州的貨幣制度必須與日本的金本位制相同。特別是南滿鐵道的資本金、公司債均採金圓計算，貿易對象多為金本位制地區，關東都督府與南滿鐵道乃強烈主張滿州應實行金本位制。1907年10月，爭辯多時的滿州金銀本位論爭，因南滿鐵道片面地將火車票價改為金圓計算而畫下句點。

從另外一個角度來看，因日俄戰爭的勝利而快速朝向帝國主義發展的日本，在經濟安全保障上面臨到下列的問題，即：如何在列強競爭中確保其經濟勢力範圍，以及如何籌措滿州經營的龐大經費。為解決這項問題，

日本政府一方面發行外債，引進外國資本；另一方面致力於殖民地的經濟自立。1906年1月，爲了研究、探討經營滿州的方式，日本設置了「滿州經營委員會」，並任命兒玉源太郎爲委員長。兒玉源太郎之所以被任命爲委員長，除了身兼滿州軍總參謀長，熟悉現地情勢之外；也因爲他曾經擔任8年的臺灣總督，具備豐富的殖民統治經驗。爲實現滿州的自營自立，兒玉源太郎推薦後藤新平擔任滿鐵的首任總裁。曾在臺灣完成財政自立的後藤新平就任滿鐵總裁後，立即起用「臨時臺灣舊慣調查會」的調查指導者岡松參太郎，擔任滿鐵調查部長，進行大規模的調查事業。對於滿州的貨幣制度，後藤新平則根據自己在臺灣進行金融改革的經驗，反對由橫濱正金銀行主導滿州的經濟與金融，而主張在滿州創設特殊銀行（鶴見祐輔，1965: 893）。

除了滿州特殊銀行之外，在中國境內成立特殊銀行，如東洋銀行、日支銀行的構想，是當時日本金融界的一項主流思潮。與上述思潮相互呼應，第一次世界大戰爆發之際的日本，乃積極透過金融的擴張來主導中國的經濟。1914年，日本對中國提出「二十一條要求」，就是利用當時歐美列強專注歐洲情勢，無心中國局勢而提出的政策。在此一時期，日本在東亞地區的經濟安全保障，主要沿著兩條路線進行。一條是以南滿鐵道爲基軸，由陸軍、朝鮮銀行所主導的「鮮滿經濟一體化」；另一條是因應中國國內日益激烈的反日運動，由臺灣銀行所主張，與中國經濟合作的「日支經濟提攜化」。

上述兩條戰略思考路線，由當初的分歧、對立，慢慢地朝向「日支滿共同體」的方向統合。第一次世界大戰之後提出的「西原借款」，就是爲實現「日支滿共同體」構想的具體政策措施。當時，日本軍部與棉業資本家，對橫濱正金銀行在中國的消極放款態度，感到不滿與反感；與日本首相寺內正毅交好的西原龜三，乃聯合臺灣銀行、朝鮮銀行以及興業銀行，提倡「以日本興業銀行爲資金收集者，以朝鮮、臺灣兩銀行爲放資者，彼此互補、連絡，以順應帝國的發展」（西原龜三，1918: 165）。不同於

過去的外務省、橫濱正金銀行爲主的貸款路徑，西原借款是經由大藏省、興業銀行、朝鮮銀行、臺灣銀行的路徑進行。西原龜三的構想，一方面是希望以總額1億4,500萬日圓的借款，獨占中國礦山的資源；另一方面則是協助中國進行幣制改革，發行與日本金圓等價通用的金券。換言之，透過這種「日支貨幣混一併用策」，日本得以進一步推行「日滿支金融共同體」的構想。這亦是大東亞共榮圈的原型。在西原借款中，臺灣銀行扮演了重要的角色。至1918年12月爲止，與臺灣銀行有關的中國借款即高達1億9,400萬日圓，其中，臺灣銀行直接出資的金額爲6,200萬日圓（臺灣銀行編，1939: 230）。

「西原借款」名爲經濟借款，實爲政治借款。此一以自國金融力量協助周邊國家爲名，以政治力量支配周邊國家爲實的經貿外交策略，是當時日本經濟安全保障的特色。「西原借款」中對於中國利權的獨占要求，不僅在日本國內遭受批判，在國際也受到各國責難，被認爲是「二十一條要求的財政版」。在中國境內，更被稱爲「國恥借款」，並引發大規模反日運動（島崎久彌，1989: 124）。然而，日本認爲，爲了確立日本在東亞地區的經濟安全保障，必須實現「日支滿共同體」；而爲了實現「日支滿共同體」，就必須統一滿州幣制，建立「日支滿金融共同體」。「西原借款」，以及1934年推動完成的滿州幣制統一事業，均是此一經濟安全保障政策思維的一環。

值得一提的是，從經濟安全保障思維來看，滿州、臺灣兩地的幣制統一事業，在規模上雖然無法相提並論，但其政策目的卻是完全一致：即以銀本位進行幣制整理，再由銀本位通用貨幣強化日本在中國的經濟影響力。也正是因爲如此，具有實權的滿州中央銀行副總裁，是由臺灣銀行的前理事山成喬六所擔任（總裁爲滿人榮厚）。在山成喬六的要求下，臺灣銀行也派遣多名行員與舊行員至滿州中央銀行，協助山成喬六進行滿州幣制改革（臺灣銀行史編纂室編，1964: 51-52）。因此，滿州中央銀行的運作是由臺灣銀行，而不是由與滿州密切相關的橫濱正金銀行以及朝鮮銀行

所主導。即便如此，滿州的銀本位制貨幣改革，乃是金融體制脆弱的日本所不得不爲的選擇。也就是說，即使日本認定在不久的將來，中國即將實施金本位制；但因本身金融力量的不足，致使日本無力以金本位制統一滿州的幣制。之後，日本在中國華北、華中地區進行的金融政策，也因爲金融力量不如支持當時國民政府的英國，最終遭到失敗的命運。

二、大東亞金融圈的形成、發展與崩壞

明治維新之後，日本國內的領導菁英都有下列的共同志向：爲了不使東亞地區被歐美列強所併吞，東亞地區也必須創出強國；爲了這個目標，日本必須與擁有豐富資源的中國合作；對尚未領悟到危機的中國，日本必須肩負起「指導」中國的責任（季武嘉也，1998: 14）。然而，隨著日俄戰爭的勝利，日本的經濟安全保障思維，開始朝向帝國主義躍進。辛亥革命之後，東亞及世界局勢出現激烈變動。面對第一次世界大戰爆發、中國的南北分裂、俄國革命等各種問題，日本的政策選項也出現多樣化發展。圍繞著以中國東北爲主的「大陸政策」，日本國內各政治集團的爭論與鬥爭日益頻發。其中，關於「滿州經營」的中國議題，長久以來都受陸、海軍權力構造，以及薩長藩閥鬥爭所制約。

甲午戰爭以後，長州派陸軍透過「總督／都督武官專任制」，長期獨占臺灣、朝鮮與滿州的支配權。1913年成立的「第一次山本權兵衛內閣」，首度對陸軍的殖民地支配權力提出挑戰。山本權兵衛爲薩摩派海軍的重要領袖，企圖透過廢止總督／都督武官專任制以及擴大內務省監督權限，從法制上顛覆陸軍殖民地支配的基礎。同時，爲對抗陸軍的北進論，海軍再度高唱南進論。日本海軍掌控臺灣之後，在「南進論」的政策思維下，透過臺灣總督府調查科對南洋地區進行大量、大規模的調查。根據《臺灣經濟年報 昭和十八年版（1943年）》所收錄的「臺灣總督府外事部與南方資料館發行南方關係印刷物目錄」，1920年以後，臺灣對南洋的

調查出現大幅成長（參見表4-2）。與此同時，臺灣銀行也推動華南銀行的設立，期盼結合臺灣以及南洋華僑的力量，協助日本在南洋的發展（許雪姬，1996: 103）。

表4-2　臺灣總督府調查科的南方調查書一覽表

	南方一般	南支那	仏印	泰國	緬甸他	馬來	菲律賓	蘭印	濠洲他	合計
第一期	9	14	2	1	2	2	4	6	0	40
	22.5	35	5	2.5	5	5	10	15	0	
	5.9	11.8	5.4	5.9	10.5	7.4	7.4	6.5	0	
第二期	45	39	5	3	5	9	25	48	3	182
	24.7	21.4	2.7	1.6	2.7	4.9	13.7	26.4	1.6	
	29.4	33.8	13.5	17.6	26.3	9	46.3	52.2	60	
第三期	89	40	23	11	10	15	20	24	2	234
	38	17.1	9.8	4.7	4.3	6.4	8.5	10.3	0.8	
	58.2	33.6	62.2	64.7	52.6	55.6	37	26.1	40	
第四期	10	26	7	2	2	1	5	14	0	67
	14.9	38.8	10.4	3	3	1.5	7.5	20.9	0	
	6.5	21.8	18.9	11.8	10.5	3.7	9.3	15.2	0	
合計	153	119	37	17	19	27	54	92	5	523

註1：第一期為1910-1919年，第二期為1920-1935年，第三期為1936-1940年，第四期到1942年為止。

註2：各欄的下段數字的上方數字代表地域別分布的百分比，下方數字表示各地域的時期別分布的百分比。

註3：「南方一般」表示綜合性的南方調查，「南支那」是華南地區，「仏印」是指法屬印度支那，「緬甸他」包含印度，「蘭印」是指印尼，「濠洲他」是指澳洲及南太平洋諸島。

資料來源：參酌臺灣經濟年報刊行會（1943: 73），作者自行整理。

　　就臺灣殖民地歷史而言，1936年是極為特別的一年。以這個年度為區隔，臺灣從日本帝國經濟南進的墊腳石，變成軍事國防南進的先驅。1936年8月，在日本國內與臺灣總督府高唱「南進論」的背景下，南進政策經由日本內閣會議決議，首度成為日本「國策的基準」。為整合臺灣島內戰爭準備工作，日本乃於1936年11月成立國策機構「臺灣拓殖會社」。臺灣拓殖會社與南洋拓殖會社齊名，為日本兩大南方國策機構之一；其主要任務，是推行臺灣島內拓殖事業，並在臺灣總督府、拓務省、外務省的監督下，在華南、南洋地區進行金融活動。

　　1937年7月7日爆發「盧溝橋事變」後，日本與中國全面開戰。隨著中日戰事的擴大，海軍與臺灣總督府對南方的關心再度升高。1938年9月，臺灣總督府為確立對廣東、汕頭、海南島的支配權，在海軍指示下制訂「南方外地統治組織擴充強化方策」，主張活用臺灣經驗，以協助日本在南方進行有效統治。1939年，日本佔領海南島之後，海軍決定由臺灣總督府來協助海南島的開發。當時的日本決心永久佔領海南島，在島上大力推行土地改革、皇民化政策、專賣事業以及保甲制度。日本之所以將海南島的開發交給臺灣總督府負責，其中一個重要的理由就是，臺灣的統治經驗與統治技術有助於日本對海南島的統治。這也意味著，隨著中日戰事的擴大，臺灣的地位日形重要。

　　1939年9月，德國入侵波蘭的軍事行動引爆了歐陸的全面戰事。在歐洲列強無暇東顧之際，日本乃決意驅逐歐美勢力，獨占東亞地區的利權。為了有效統治東亞地區的殖民地與佔領區，日本乃於1942年公布「大東亞金融財政及交易基本政策」，規劃設立以日圓作為共同清算貨幣的「大東亞金融圈」。依據「基本政策」所形成「大東亞金融圈」有下列三項特色（島崎久彌，1989: 344-345）：

　　第一，圈內各區域設立擁有貨幣發行權的中央銀行；

　　第二，日圓為圈內地區所有通貨的價值基準，以及發行的基礎；

　　第三，圈內各地之間的決算，以特別日圓執行；圈內對圈外的決算，

也以特別日圓決算為方針。

「大東亞金融圈」的最終目標，是要在大東亞共榮圈內構築新的金融秩序，以日圓本位制為大東亞共榮圈的普遍貨幣制度，取代黃金或英鎊的支配力。

日本在南洋佔領區進行的貨幣、金融工作，最初是以發行表示現地通貨的軍票為主。譬如說，在菲律賓發行Peso軍票，與當地的Peso進行等價交換。日本軍票的使用目的，一方面是為了支付日本派遣軍的軍費，另一方面則是驅逐佔領地的法定貨幣。但是，由於軍票脫離不了日本國內貨幣的領域，且不可任意兌換成其他外幣以滿足現地的貿易需求，以致無法達成吸收、取代現地通貨的目標。有鑑於此，日本乃於1942年成立南方開發金庫，發行「南方開發金庫券」（南發券）以取代軍票。

由日本政府出資1億日圓成立的南方開發金庫，一方面發行「南發券」吸收現地通貨，另一方面則擔負起現地資源的開發利用、物資集散的功能。日本的目的，是想在南洋佔領區成立中央銀行之前，以南發券當作地區暫時的共通貨幣。因此，流通總額達115億日圓的南發券，票面上標記的發行者不是南方開發金庫，而是大日本帝國（日本銀行調查局編，1974: 318）。之後，因太平洋戰事的膠著與不利，日本為籌措軍費，大量發行、使用南發券，結果導致日本佔領地區的嚴重物價膨脹，加速弱化日本帝國的統治基礎。而以建構大東亞金融圈為目的的日本帝國經濟安全保障政策，亦隨著時間的發展與軍事占領範圍的擴大，從原本維繫日本經貿穩定的思維，轉變為掠奪占領地資源的措施。

第五章
和平憲法架構下的日本經濟安全保障

　　自1648年的《西發里亞和約》（Peace of Westphalia）簽訂之後，西方世界確立了「主權國家」（sovereign state）的概念（陳牧民，2009：163-164）。此一「主權」可在一定的疆界中，藉相關體制行使絕對的權力意志（陳偉華，2001：191）；而主權國家之間，亦享有彼此宣戰及相互結盟的權力。由此，軍事防衛力量與戰爭權利，被視為主權國家可自主決定的權限，並於十九世紀之後，記載於多數國家的憲法與法律條文之中。例如，《中華民國憲法》規定，中華民國之國防，以保衛國家安全，維護世界和平為目的（第一百三十七條）。而軍隊的統帥權歸以及宣戰媾和之權歸於總統（第三十六條，第三十八條）；宣戰案、媾和案、條約案等與戰爭有關的重要事項，則由立法院決議（第六十三條）（黃炎東，2006）。

　　然而，二次戰後的日本在「和平憲法」的架構下，無法擁有完整的軍事防衛力量與戰爭權利。之後，雖然在美國的戰略考量下，日本重新建立了名為「自衛隊」的防衛武力，但其國家安全保障的思維發展與政策變遷，始終陷入在「合憲」、「違憲」的論爭之中。而此一「和平憲法」的限制，也讓日本重新思考新的經濟安全保障政策。換言之，過去與軍事力量密切結合的「殖產興業」、「富國強兵」以及「金融掠奪」等政策思維，已無法適用於和平憲法架構下的日本；放棄戰爭的日本，必須進一步發展與軍事武力脫鉤的「新經濟安全保障」思維。

壹、《日本國憲法》的安全保障爭議

　　誠如第二章所述，戰後日本憲法的制定過程中，以美國為代表的戰勝國，為了確保日本不會再次對世界和平造成威脅，乃決議解除日本軍隊武裝，並協助其建立「愛好和平並負責任之政府」。在此一思維下所制

定的《日本國憲法》，具有「非武裝和平主義」特質的憲法，並在第九條第一項規定放棄戰爭，第二項規定不保持戰力及否認交戰權（小林直樹，1982）。然而，東亞局勢的急速轉變，打亂了美國在亞太地區的戰略佈局。1950年6月25日，北韓人民軍越過38度線突襲南韓，引發韓戰。駐日美軍全數被派至朝鮮半島作戰，在日本僅留有空軍及少數陸軍管理部隊。面對韓戰爆發後的東亞局勢，美國一方面要求日本設立7萬5,000人規模的國家警察預備隊，負責國內治安的維持；另一方面則與重新考量日本在美國軍事戰略中的角色，加速戰後和平條簽定與建構新的日美共同防衛機制。

1951年9月8日，日本與美國在舊金山簽訂《日美安保條約》後，解除武裝的日本給予美國在其國內駐紮陸海空軍的權利。駐日美軍除了為日本抗擊外來的武裝進攻外，也協助保衛遠東地區的和平與安全。同時，駐日美軍亦可應日本政府的緊急要求，平定由外來勢力在日本國內引起的大規模暴動或騷亂（豐下楢彥，1996: 236）。雖然《日美安保條約》強調日本有權參與《聯合國憲章》中的集體安全協定，但依此條約所形成日美安保體制，才是戰後日本安全保障的核心。以國家安全保障的觀點來看，戰後初期的日美安保體制，具有下述四項功能（防衛を考える事務局編，1975: 19-24）：

第一，以美國軍事力量為後盾，日本得免於被侵略；

第二，因美國軍事力量的存在，亞洲得以保持戰略平衡；

第三，即使發生日本被侵略的事態，但侵略勢力為避免與美國軍事力量對決，將會降低其使用軍事力量的上限；

第四，萬一日本受到武力的侵略，為了排除侵略，日本可獲得美國的協助。

戰後日本憲法的和平條款與日本安保體制的武力規範之間形成矛盾，並衍生出下列兩個面向的重要憲法爭議：

第一，針對憲法第九條第一項中「放棄戰爭」的解釋爭議。其爭議

點在於，條文中的「戰爭」一詞，所指涉的究竟是「所有戰爭」，還是限定在「侵略戰爭」。部分意見認爲，日本應全面放棄以解決紛爭爲目的的所有戰爭手段，包括自衛戰爭在內。部分意見則主張，此一條項的表達形式、內容與《聯合國憲章》第二條的精神相符；但《聯合國憲章》第五十一條明文規定，國家擁有自衛的自然權利；因此，日本憲法的規定並未否認自衛戰爭（田岡良一，1964: 261-262）。[1]而日本的最高法院，曾於1959年12月16日的「砂川事件」判決中，認定日本憲法中的「戰爭」是指「侵略戰爭」。[2]

　　第二，針對憲法第九條第二項中「不保持戰力」的解釋爭議。對於「戰力」的保持與否，日本國內存在三種不同意見。首先是主張，除了警察之外的戰力，應該全面予以放棄；其次是認爲，日本應可保有自衛的戰力；最後是強調，「自衛能力」不等於戰力（西川吉光，2008: 25-27）。而關於自衛隊的設立與存在是否違反日本憲法一事，從日本地方法院的法律見解來看，認定違憲者有之，如「長沼訴訟案」；[3]認定合憲者有之，如「百里基地訴訟案」。[4]

---

1 《聯合國憲章》第二條第三項規定：「各會員國應以和平方法解決其國際爭端，避免危及國際和平、安全、及正義」；第二條第四項規定：「各會員國在其國際關係上不得使用威脅或武力，或以與聯合國宗旨不符之任何其他方法，侵害任何會員國或國家之領土完整或政治獨立」；第五十一條規定：「聯合國任何會員國受武力攻擊時，在安全理事會採取必要辦法，以維持國際和平及安全以前，本憲章不得認爲禁止行使單獨或集體自衛之自然權利」。

2 1957年7月8日，爲擴大立川美軍基地的規模，日本政府於東京都立川市進行強制測量。反對的民眾在抗爭的過程中，破壞柵欄進入美軍基地，被日本檢方依《美日地位協定實施刑事特別法》起訴。此一抗爭事件，以及日後與日本憲法解釋的相關審判過程與結果，稱之爲「砂川事件」。

3 1969年，爲了在北海道夕張郡長沼町設置飛彈基地，日本政府解除了該地的「保育林」限制。對此，居民以行政訴訟的方式，提出「自衛隊違憲，解除令違法」，要求政府取消解除令。而札幌地方法院對此訴訟案的判決，則是明確認定自衛隊違憲。

4 1977年，茨城縣小川町的住民，針對百里基地的設置與否的爭議，對水戶地方法院提出「自衛隊違憲」的訴訟。水戶地方法院在判決書中提及，自衛隊不適用憲法條文中的「戰力」，因此不存在合憲或違憲的爭議。

　　而日本政府對自衛隊的態度與立場，則在戰後的10年之間，呈現急遽的轉變。1946年11月8日，吉田茂首相在施政方針中強調，放棄軍備才是維護國民安全幸福的保障，也是重建國際社會對日本信賴之所繫。然而，隨著冷戰的激化與韓戰的爆發，日本政府逐漸從原本的否定自衛權，轉變為肯定自衛權。1954年12月22日，鳩山一郎內閣發表「關於自衛隊合憲性」的政府統一見解如下（西川吉光，2008: 34-35）：

　　第一，憲法並未否定自衛；

　　第二，憲法宣告放棄戰爭，但未放棄為了自衛的抗爭；

　　第三，自衛隊是對應外國侵略的實力部隊，並未違反現行憲法。

　　自衛權合憲成為日本政府的既定立場後，關於自衛權行使的條件、規範與範圍，就成為日本輿論與社會關注的焦點。對此，日本政府乃提出「自衛權行使三要件」（或稱為「武力行使三原則」），明確表示作為自衛權的武力行使，必須符合下列三項要件：針對日本的急迫不正當之侵略攻擊、無其他適當手段排除此一侵略攻擊、只限行使必要最低限度之實力（防衛省，2013: 101）。針對自衛權行使的範圍，則依個別事態而定，並不限定於日本的領土、領海與領空。然而，派遣以武力行使為目的的自衛隊前往他國的領土、領海與領空，則是超越了自衛的必要最小限度，不為憲法所允許（浦田一郎，2003: 354）。

貳、ODA的政策背景

　　前述的和平憲法架構，不僅直接主導了日本的軍備發展與國防戰略，也間接影響戰後日本的產業發展方向。戰前日本經濟的重要特色主要有三，分別是以財閥為主的資本獨占模式，以重工業為產業火車頭的發展路線，以及以中國市場為主的貿易關係。然而，被視為侵略戰爭經濟基礎的

財閥，戰後初期受到一連串的清算、解體，以推動日本的「經濟民主化」
（武藤守一，1952: 778-779）。以三菱商事爲例。1947年7月，在GHQ
要求下，三菱商事被迫分割爲174家的中型企業。之後在國際情勢變化與
國內經濟需求的環境下，新設立的衆多公司又逐漸整合成「不二商事」、
「東京貿易」、「東西交易」等3大企業，並於1954年以「大合同」（大
合併）的方式，重新取回「三菱商事」的商號（三菱商事株式會社総務部
社史担当編，2008: 48-49）。

　　而受限於《日本國憲法》第九條的規定，戰後的日本無法持續之前
以重工業爲產業火車頭的發展路線。特別是與軍事工業相關的企業組織、
生產設備，不是被迫解散，就是強迫處分。包括以製造飛機爲主的富士
產業、以造船、重機爲主的川崎重工，以及生產鋼鐵的日本製鐵株式會社
等。另一方面，地狹人稠、缺乏天然資源的日本也認知到，具有豐富天然
資源與廣大市場的中國，是日本確保經濟利益、建立經濟安全保障的關
鍵。因此，日本首相吉田茂就曾於1951年10月29日在國會表示：「日本貿
易發展乃當今日本最重要的課題；因此，不論外交或政治都可暫時置之不
理，將主力放在貿易經濟上面。……如獲中國允許的話，不妨在上海設置
在外辦事處」（轉引自李世暉，2012: 168）。然而，在美國的壓力下，
吉田茂於1951年12月24日致函美方，發表著名的「吉田書簡」，向美方提
出日本將與臺灣拓展「全面之政治和平與商務關係」的保證。而此一保證
也載明於1952年簽訂的《日華和平條約》之中。

　　即便如此，日本自1952年開始，便多次試圖與中國進行經貿的接觸，
並於1952年至1958年間，簽訂四次「日中民間貿易協定」。到了1962
年，日本的高碕達之助與中國的廖承志簽訂「日中長期綜合貿易覺書」
（一般稱之爲「LT貿易協定」），雙方政府同意互設聯絡處、互換常駐記
者，而日本也承諾由日本國家輸出入銀行提供中國貸款（林代昭、渡邊英
雄，1997: 152-164）。然而，就交易關係的互動程度、貿易總額來看，
1950年代的日中貿易關係，遠不如當時的日臺貿易關係。

　　若延續前述之日本自衛權的憲法爭議，以及第三章所論述的日美安保體制內涵與功能來看，戰後初期日本是在無法建立足夠軍備的背景下，不得不倚靠美國的軍事力量以維護日本的國家安全。但是，針對與國家發展、國民生活息息相關的日本貿易政策，日本與美國之間有著認知上的差異。例如，日本首相岸信介曾強調，對中國的貿易往來，是日本走出戰後、走向國際以及經濟持續發展的關鍵；但美國則對此抱持反對態度，擔心日中貿易可能增加中國的戰爭潛力（于群，1996: 274）。為了彌補日本限制對中貿易而承受的損失，美國鼓勵日本加速發展與東南亞自由國家的貿易，並承諾世界銀行與進出口銀行將在資金方面給與日本大力協助。

　　總的來說，在日美安全保障的「支持」與「限制」下，戰後初期日本的安全保障與經濟貿易政策，配合美國的冷戰思維，將安全保障的重心放在東北亞，而將經濟貿易的重心放在東南亞。值得一提的是，日本在和平憲法架構下，逐漸發展出「和平式經濟擴張」（peaceful economic expansion）的經濟安全保障思維，試圖在亞太地區建立包括美國資金、日本技術與東南亞資源在內的「經濟鐵三角」（Sudo, 1992: 2-6）。1957年，日本首相岸信介在美國的支持下，向亞洲開發基金提出的「岸計畫」（The Kishi Proposal），就是一個具代表性的例子。透過此一經濟鐵三角，日本一方面可協助美國防堵共產主義在東南亞地區的擴張，另一方面可強化本國在東南亞地區的經濟影響力。

　　值得注意的是，在二次世界大戰期間，多數的東南亞國家都曾經遭受到日本的占領、殖民；對於美國鼓勵、日本推動的「和平式經濟擴張」，這些國家多抱持著戒慎的態度。因此，日本欲與東南亞國家進一步發展經貿關係，必須先妥善處理戰爭賠償的問題。1953年9月29日，為了妥善處理戰爭賠償的問題，日本政府的決策官員，進行首度的戰後出訪。當時，日本外相岡崎勝男前往菲律賓、印尼、汶萊、越南等國，與各國政府首腦協商「對日和約」的批准，以及賠償支付的問題。然而，日本與東南亞國

家之間，對於賠償金的支付總額與支付方法，彼此存在著極大的認知差距（Chitoshi, 1968: 215-216）。

　　東南亞國家大多傾向短期、高額的資金援助，但缺乏資金的日本政府，則是提出「日美經濟協力」的賠償方案，即以美國的資金與日本的技術，共同協助東亞經濟發展的構想。然而，美國政府的消極態度，讓日本不得不思考其他的替代方案。1954年3月，經濟審議廳經濟協力室首任室長大來佐武郎提出「輸出對策試案」（又稱之為「大來構想」），成為日本政府推動擴大出口政策的基本方針。「大來構想」中提及，擴大日本出口必須同時兼顧東亞的發展中國家市場，以及歐美的先進工業國家市場。對於發展中國家市場，可透過長期的經濟援助與經濟合作方式，達成擴大日本出口的目的；對於先進工業國家市場，則是倚靠日本相對低廉生產要素，強化日本商品的市場競爭力（高瀨弘文，2008: 140-141）。

　　「大來構想」對於東南亞市場的政策規劃，直接成為戰後日「政府開發援助」（ODA）的核心原則，即以長期的經濟合作取代短期賠償，以及經營東亞國家市場以強化日本經貿網絡。1954年，日本成為「亞太地區經濟與社會合作發展可倫坡計畫」（Colombo Plan for Cooperative Economic and Social Development in Asia and the Pacific）會員國後，即開始透過該計畫積極擴展對東亞國家的技術合作。與此同時，日本亦積極與東亞各國簽訂雙邊的「賠償與經濟合作協定」，為日本戰後的ODA政策揭開序幕。

　　重視外交與戰略意涵的日本ODA政策，自1954年開始，便成為日本對外政策的重要內容；而在日本戰後復興的1950年代，以及經濟快速成長的1960年代，更是經濟與貿易的關鍵政策。若以年代別的政策內容來看，日本ODA的政策利益取向，可歸納為下述六個層面（參見表5-1）。

　　第一，1950年代中期。以ODA政策重新建立與東南亞國家的經貿網絡，擺脫日本的負面國際形象，擴展日本的外交空間。

　　第二，1950年代中期至1960年代中期。以ODA政策協助美國維繫亞

表5-1　日本ODA的政策目標

時期	國際政經環境	日本ODA的政策目標
1950年代中期	美國實施對共產國家的圍堵政策	以ODA政策重新建立與東南亞國家的經貿網絡
1950年代中期至1960年代中期	兩極對立的冷戰體系	以ODA政策協助美國維繫亞洲的冷戰防線
1960年代中期至1970年代中期	東亞地區經濟起飛	以ODA擴大日本在東亞地區的直接投資
1970年代中期至1980年代中期	石油危機	透過ODA政策援助資源大國，取得重要的天然資源
1980年代中期至2000年	冷戰的結束與中國推動改革開放	積極擴大ODA規模以樹立「政治大國」的形象，並透過ODA政策參與中國的改革開放
2000年至今	中國經濟崛起	配合美國的全球與亞太戰略，以ODA協助推動日本的經濟與外交戰略

資料來源：作者自行整理。

洲的冷戰防線，進而強固日美的同盟關係。

　　第三，1960年代中期至1970年代中期。以ODA擴大日本在東亞地區的直接投資，一方面協助推動出口擴張，以促進國內經濟成長；另一方面則是建立以日本為首的亞洲經貿網絡。

　　第四，1970年代中期至1980年代中期。在石油危機的衝擊下，透過ODA政策援助資源大國，取得重要的天然資源。

　　第五，1980年代中期至2000年。在冷戰體制變遷的局勢下，積極擴大ODA規模以樹立「政治大國」的形象，並透過ODA政策參與中國的改革開放。

　　第六，2000年至今。配合美國的全球與亞太戰略，針對中國經濟的崛起，以ODA協助推動日本的經濟與外交戰略。

參、ODA的經濟安全保障意涵

　　1954年11月5日，日本與緬甸簽訂《日緬和平條約暨賠償與經濟合作協定》，日本承諾提供緬甸總額2億美金（720億日圓）的勞務與商品，作為戰後日本的戰爭賠償，以及強化其與東南亞經貿發展關係的重要政策原型。其後，日本陸續與菲律賓（1956年）、印尼（1958年）、越南（1959年）等國簽訂雙邊的「賠償與經濟合作協定」；以及與新加坡、柬埔寨、馬來西亞、泰國等國簽訂「無償資金合作」的「準戰爭賠償」協定。此一日本對東南亞國家的無償資金援助政策，乃是配合美國所提出的「以東南亞取代中國」的替代方案。其主要目的，是鼓勵日本將海外經濟中心放在東南亞地區，一方面以降低日本對中國的貿易依賴，另一方面則是協助開拓東南亞的資源與投資當地的市場。

　　1958年，印度在推動第2次5年計畫之際，向日本提出貸款的要求。日本政府乃透過日本輸出入銀行，對印度進行50萬美金的「日圓借款」。對此一「日圓借款」是日本首擺脫「戰爭賠款」思維的經濟合作政策，是戰後初期日本ODA政策的重大突破，具有劃時代的意義（國際協力銀行，2003: 7）。由此開展的日本ODA政策，主要是透過對外援助計畫，以東亞區域為中心，並在「援助、貿易、投資」三位一體的對外援助模式下，同時促進日本與東南亞國家的戰後經濟（柯玉枝，2001: 32）。舉例來說，日本通產省在1958年開始發行的歷年《經濟合作白皮書》（The MITI's White Paper on Economic Cooperation）中均強調，對外援助是促進日本產品出口的政策工具，受援國必須以日圓貸款購買日本產品，作為振興出口之「條件式援助」。

　　若以概念意涵的面向來看，ODA屬於經濟合作的一環，意指政府機關對開發中國家或國際機構，提供包括資金、技術在內的經濟援助。若以政策意涵來看，ODA的直接目的，是協助開發中國家的經濟發展，以達成

國際社會的安定與和平；ODA的間接目的，則是建立對援助國有力的國際環境，以及提升援助國的國際聲望與影響力。原則上，日本的ODA大致可分爲技術合作（technical cooperation）、無償贈與（grant aid）及有償貸款（ODA loan）等三種類型。其中，技術合作是指，日本提供機械設備，派遣技術專家、開發調查團與海外青年合作隊前往受援國，以及協助受援國培養技術人才。無償贈與是由日本國際協力機構（Japan International Cooperation Agency, JICA）主導的援助計畫，主要項目包括經濟開發、糧食增產、醫療環境改善以及社區發展等。有償援助則是對受援國的道路、電力、水利、通信等硬體建設，以及制度、政策軟體措施提供具有利率與償還期限的貸款（外務省，2013a: X）。

　　若以實際運作的面向來看，可依循與經濟利益有關的重商主義、與國家安全有關的現實主義，以及與民主人權有關的自由主義等三項原則，對戰後日本的ODA進行理解與分析（Sato and Asano, 2008: 124-125）。上述三項原則，在不同時期對於日本的對外援助政策，都有一定的解釋力。其中，重商主義是戰後初期日本推行ODA政策的指導原則；石油危機之後，著重保障日本能源穩定供給的現實主義原則，開始扮演關鍵角色；到了後冷戰時期，追求民主政治與公民社會的自由主義原則，成了日本推動ODA政策時的另一項考量。

　　除了ODA之外，日本政府也透過「東南亞開發協力基金」（1958年成立）、「海外技術者研修協會」（1959年成立）、「海外經濟協力基金」（1961年成立）、「海外技術協力事業團」（1962年成立）等組織，協助東南亞地區進行道路、港口、電力設施等基礎建設。而在這些援助事業實施的過程中，日本企業在東南亞市場建立了經貿網絡，直接擴大了日本的經濟影響力。事實上，戰後初期日本對東亞新興國家（包含南韓、臺灣、香港、新加坡）與東南亞地區（包含印尼、馬來西亞、菲律賓、泰國等）的投資，則被認爲是戰後亞洲經濟快速成長及產業結構變遷的關鍵因素之一，也形成以日本爲首，東亞新興國家次之，東南亞各國再次之

的「雁行理論」（the flying-geese model）經濟發展型態（朱雲鵬、林美萱，2002）。

　　綜上所述，日本ODA政策的經濟安全保障意涵，大致可分為下述兩個層面。首先是經濟外交（economic diplomacy）層面。誠如第二章所述，經濟外交依不同的分析構面，可定義為「以經濟為目的的外交」，或是「以經濟為手段的外交」（山本滿，1973: 28-30；山本武彥，1989: 157）。戰後的日本，面對到失去殖民地領土、戰爭賠償、和平憲法等戰後新局面，必須提出新的外交方向，以確保日本的安全與穩定。此一時期的ODA政策，是「新日本」開拓「新市場」的重要外交政策。換言之，戰後的ODA是一種「求生存的經濟外交」；既是「以經濟為目的的外交」，也是「以經濟為手段的外交」，更是「重視經濟的外交」。

　　其次是戰略援助（strategic aid）層面。戰略援助是一種以經濟手段來達成政治安全的構想與措施。戰後初期的日本，除了對東南亞國家給予條件式援助之外，也會應美國要求，為圍堵共黨勢力給予東亞地區的南韓、臺灣「戰略性援助」（蔡東杰，2010: 39）。這些ODA政策，大多屬於「追求自國經濟利益」戰略援助思維。到了1970年代中期之後，「布列敦森林體制」的瓦解帶來國際經貿秩序的劇烈變動，讓日本開始改變戰略援助的思維，從原本「追求自國經濟利益」，轉變為「維持國際經貿秩序」。

肆、ODA的經濟安全保障成效

　　二次世界大戰結束後，日本藉由ODA政策，推動亞太地區的經濟合作，並與東南亞國家建立新的經貿交流渠道。到了1960 代中期以後，日本的輿論界和學術界興起「海洋立國」的論調，主張島國日本應自覺為

「海洋國家」，不要重蹈從前侵略經營亞洲大陸的覆轍，而積極向海洋亞洲進取（李明峻，2007: 120）。誠如第一章所述，此一「海洋國家」的概念，最初是由高坂正堯透過〈海洋國家日本的構想〉（海洋国家日本の構想）一文所提出。當時，提出「海洋國家」概念的學者專家，主要是觀察到，日本的經濟發展與國家安全已面臨到重要的轉型期，必須由封閉的「島國經濟型態」，走向開放的「海洋貿易體制」。

同一時期，小島清則是以戰後日本的發展模式，揭出「比較優勢理論」（theory of comparative advantage），強調必須調整傳統國際經濟學中以西方為主的學說論述。小島清認為，與其他工業國家相比，日本的貿易具有「出口兩面性」，即對先進國家的出口以勞動密集的輕工業為主，對發展中國家的出口則以資本密集的重化工業為主（小島清，1968: 122）。而對於戰後急速發展的日本而言，如何平衡此一「出口兩面性」所帶來的各項效應，實乃維持經濟持續發展的重要關鍵之一。小島清的「比較優勢理論」主張，日本應集中發展那些具有比較優勢的產業，將國內失去優勢的部門轉移到發展中國家，以合理化國內的產業結構與對外貿易發展，以及促進亞太經濟合作。此一論點，一方面是立基於李嘉圖（David Ricardo）的「比較優勢法則」（law of comparative advantage），另一方面發展自其指導教授赤松要的「雁行理論」。

1935年，赤松要以日本羊毛工業品的發展為例，於名古屋高等商業學校（現名古屋大學）的《商業經濟論叢》提出「雁行理論」的概念（赤松要，1935）。然而，此一理論概念提出之際，並未受到學界的重視。1961年，赤松要再度以英文發表論文，說明戰後日本的經濟發展的雁行模式（Akamatsu, 1961）。由於當時正值日本經濟高速起飛時期，赤松要的「雁行理論」立即在美國學界受到Raymond Vernon等人的重視。赤松要認為，可依工業化與經成長的程度，將全球市場分成先進國、中間國與跟隨國等三種不同層級的國家。先進國、中間國與跟隨國之間的經貿互動，主要取決於進口、出口與資本連結所形成的產業結構異質化（heterogenization）。而全球市場可依區域分成美洲、東亞與歐洲等三個雁行編隊。北美的雁首爲美國，歐洲雁首爲西歐國家，亞洲雁首則爲日本（Aka-matsu, 1962: 12-18）。

　　此一歸納日本經驗而形成的「雁行理論」，強調亞洲地區，特別是東亞地區的經濟發展，是一以日本爲雁頭，亞洲四小龍（臺灣、韓國、香港、新加坡）居次，東協各國（印尼、馬來西亞、菲律賓、泰國、越南等）再次的雁行編隊。戰後初期的日本，傾向集中資源發展某一項產業，以貿易創造外匯；當該產業技術成熟，以及生產要素出現變化後，日本即將部分產業技術轉移至亞洲四小龍。與此同時，日本會掌握關鍵技術，並將產業結構提升至新的層次。同樣地，當亞洲四小龍在該一產業發展成熟後，會將生產基地與技術轉移到東協國家；而亞洲四小龍的產業結構也相應升級，呈現出日本在前，亞洲四小龍居中，東協國家居後的發展次序。

　　值得注意的是，無論是亞洲四小龍還是東協國家，其產業發展在歷經進口替代轉變爲出口導向的過程中，都與外資、跨國企業有密切的關係。而在雁行模式之中，日本則是亞洲四小龍與多數東協國家的主要資金來源與生產技術來源。如前所述，從1950年代到1970年代中期，日本透過ODA進行以東南亞地區爲主的無償贈與、技術協力與政府貸款。其中，臺灣與南韓也爲其經濟援助與合作的對象。日本政府一方面利用投資貸款與援外資源，鼓勵本國中小企業在東亞國家建構區域生產網絡，供應大型日本企業與當地市場。另一方面則與半官方組織、研究機構合作，透過調查以瞭解東南亞國家的比較利益，提供受援國產業發展諮詢與技術訓練（王佳煌，2004）。換言之，ODA政策不僅可建構日本企業的海外投資與區域分工體制，亦可引領受援各國發展適合的產業，成爲日本企業在全球市場供應網絡的一環。

　　整體而言，此一「雁行發展型態」既是維持與擴大日本海外輸出市場的關鍵，也是協助日本建立東亞經貿勢力，確保日本經濟持續成長的重要模式。這是因爲，雁行理論的經濟發展型態，不僅僅只是商品生產的區域

國際分工，同時也包括國際貿易、海外直接投資、技術轉移等領域（任耀廷，2009: 67-69）。只要雁行發展型態持續運作，日本的經貿實力與經濟影響力，將會隨著東亞地區的快速發展而持續提升。因此，如何以ODA支持雁行理論在東亞地區的發展，是當時日本推動經濟安全保障時的重要考量。舉例來說，日本的ODA援助國家中，亞洲國家的比重最高（1960年代占全數）；而對東亞地區的ODA援助，則依各東亞國家的工業化經濟發展階段，在各國的發展初期階段進行密集的基礎建設援助（任耀廷，2009: 249-252）。其結果導致戰後日本的ODA援助，亦呈現出雁行發展的分布：從1960年代的韓國、臺灣為主，到1970年代的印尼、馬來西亞、菲律賓、泰國為主。

　　從1954年開始的日本ODA政策，實施至今已超過60年。而其政策內涵，亦隨著日本內在與外在環境的轉變，在各時期出現不同的重點內容與政策對象。例如，1950年代重視的是以戰爭賠償形式，重建日本與周邊國家的貿易網絡關係；1960年代至1980年代，以多元的援助管道、形式，建構以日本為首的「東亞經濟雁行發展模式」；1990年代則是集中資源發展參與中國的改革放，協助日本企業進入中國市場；2000年之後，則是因應亞洲金融風暴與中國經濟的崛起，重新將ODA的重點放在東協國家。若以數據來看，1954年至2013年的60年間，日本針對190餘國與地區，提供3,249億美金的經濟援助與13萬6千名的派遣專家。其中，受援金額最多的前八名國家，除了印度、孟加拉與伊拉克之外，均為東亞國家（參照表5-2）。

　　總的來說，在國際冷戰環境與國內和平憲法的影響下，日本的國家安全保障受惠於日美安保體制。但為了因應國內經貿的發展、企業的需求與國民的福祉，日本政府透過外交政策的支持，協助日本企業在東南亞地區開拓市場。此一時期的日本經濟安全保障的政策基礎，是海洋國家日本追求自由貿易體制、擴大自國海外貿易市場，以及強化其在東南亞地區影響力的思維，並以ODA為主要的政策工具。整體而言，早期負責規劃與執行

表5-2　日本ODA主要受援國的累計金額（1954-2013）

名次	受援國家	累計金額（億美金）
1	印　尼	383.4
2	中　國	322.1
3	印　度	260.7
4	菲律賓	216.8
5	泰　國	178.4
6	越　南	177.6
7	孟加拉	109.6
8	伊拉克	101.1

資料來源：參酌外務省國際協力局（2013），作者自行整理。

ODA政策的機構，是以通產省通商局的經濟協力課為主，日本外務省的經濟局為次。之後，隨著ODA規模的擴大與其外交政策意涵的深化，外務省新設「經濟協力局」成為負責ODA相關業務的主要單位。2008年，經濟協力局與國際社會協力部合併為「國際協力局」，統合日本ODA政策的規畫、連繫與執行。而通產省也於2001年更名為經產省，並將ODA相關事務移交新設立的貿易協力局。

　　若以業務項目區分的話，1990年代之前，日本ODA政策中的無償援助，主要是由外務省負責，而日圓貸款則為大藏省、外務省、通產省、經濟企劃廳等「四省廳」，進行政策內容的協議事項。日本政府各省廳從各自的政策角度參與ODA的決策過程，並採取「一票否決」的全員合意決策體制（渡辺昭夫，1985）。1990年代之後，外務省、財務省（舊大藏省）、經產省（舊通產省）依舊是日本ODA政策主要的決策參與者，但隨著《ODA大綱》的制定與修正，ODA政策的援助項目出現多元化發展，也間接擴大了ODA政策的決策圈。農林水產省、文部省等其它省廳，會開始根據援助項目與領域的不同，直接或間接參與對外援助事務。

　　若以實際推動與執行的面向來看，援助的實施最初由「海外經濟協力

基金」（Overseas Economic Cooperation Fund, OECF）與「日本國際協力機構」（Japan International Cooperation Agency, JICA），各自負責日圓貸款與無償資金合作事宜。1999年之後，則由國際協力銀行（Japan Bank for International Cooperation, JBIC）全權負責ODA中有償資金部分；其他形式的經濟合作，仍由國際協力機構負責。

第六章　綜合安全保障的經濟意涵

　　透過ODA政策對特定國家進行經濟援助，可直接穩定特定國的政治與經濟，間接強化日本的經濟影響力，以及建構對日本有利的安全保障環境。然而，不可否認地，在經濟安全保障領域的效果，單純的ODA政策確實有其效果上的限制。簡單地說，ODA政策在經濟安全保障上的限制，主要來自下列兩個層面。首先是預算層面。日本的ODA的總額不謂不高，但其占GDP的比例卻不及國際的平均值。以1979年爲例，當年日本的ODA金額占GDP的0.26%，遠不如OECD國家平均值的0.34%（經濟展望談話会，1981: 45）。其次是執行層面。由於日本ODA多屬長期援助計畫，且無償援助的比例過低，不僅無法做彈性與即時的調整，受援國對於日本限制採購條件的援助方式，亦多有批判與反彈。

　　在國際局勢動盪的1970年代，以製造業爲中心的日本企業，在國內市場飽和、日圓匯率上揚、對東南亞ODA規模的擴大等因素影響下，加大對東南亞國家的直接投資。然而，日本透過ODA政策積極投資的行爲，以及日本在東南亞地區經濟勢力的擴大，開始出現負面效應。1974年，日本首相田中角榮出訪東南亞國家之際，這些國家的反日情緒以大規模示威抗議的方式宣洩。此一發展態勢，迫使日本重新檢討以ODA爲主的經濟安全保障政策。

壹、東南亞的反日情緒與石油危機

一、東南亞的反日情緒

　　1964年的東京奧運，日本透過大規模的基礎建設投資（東海道新幹線、首都高速公路等），以及先進的科學技術（電腦即時記錄管理系統、衛星實況轉播系統等），向全世界宣告日本經濟的復甦。同年，日本不僅正式加盟OECD，成爲先進國陣營的一員；也因爲國際收支的大幅改善，

從國際貨幣基金（International Monetary Fund, IMF）「14條國」（限制外匯市場的國家），轉為「8條國」（開放外匯市場的國家）的一員。[1]在此一經濟蓬勃發展的時代背景下，日本首相佐藤榮作於1966年4月，宣布擴大對東南亞各國的經濟援助。在援助資金部分，將以日本「國民生產毛額」（Gross National Product, GNP）的1%為目標（波多野澄雄、佐藤晉，2007: 155）；在援助管道部分，除了ODA之外，日本透過其主導設立的亞洲開發銀行（Asia Development Bank, ADB），對東南亞國家進行經濟援助。

隨著日本對東南亞國家投資金額的激增，日本與東南亞國家之間的貿易失衡現象，開始成為彼此的重要外交課題。在日本政府的支持下，日本企業在東南亞各國設立生產據點，以低廉的勞動成本製造商品後，再高價回銷給當地的消費市場。日本企業的作為，不僅直接造成東南亞國家的貿易赤字，更誘發當地的經濟民族主義風潮。雖然韋伯（Max Weber）早在1895年的「民族國家與國民經濟政策」中，就已經針對經濟發展的民族因素，做出如下的警示：「經濟發展的過程是一種權力的鬥爭，因此經濟政策必須為之服務的最終決定性利益，乃是民族權力的利益」（Weber, 1993: 560-561）。然而，從經濟安全保障觀點出發的日本ODA政策，一方面著重保障日本的經貿利益，另一方面卻忽略了受援國家的經貿利益，以致形成民族國家之間的權力緊張關係。

1968年，菲律賓率先發起排斥日貨運動之後，「反日」情緒快速地在東南亞國家中擴散。1974年1月，為平息東南亞各國日益激烈的反日運動，日本首相田中角榮出訪菲律賓、泰國、新加坡、馬來西亞、印尼等五國。前四個訪問國家，除了泰國的曼谷市區出現零星的抗議活動之外，田

---

1 IMF協定第14條規定，成員國可根據國際收支的情況，在外匯政策上採用過度性安排，以對國際經常性交易的付款和資金轉移進行各項限制；IMF協定第8條則規定，建立與維持一自由開放外匯市場，為一般成員國的義務。

中角榮的親善訪問大抵還算和平。然而，1974年1月14日，田中角榮抵達印尼之際，立即遭遇前所未見的大規模反日示威遊行。舉著「經濟侵略」的示威民眾，封鎖機場至雅加達市區的主要聯絡道路，並大肆破壞迎賓館周邊的車輛，印尼政府動用軍警才能回復雅加達市區的秩序。根據印尼政府的官方統計，1974年的反日示威遊行共造成11人死亡，17人重傷，775人被逮捕（小川忠，2014）。而日本國民則是透過電視轉播的暴力示威畫面，首度體認東南亞國家的強烈反日情緒。

就當時的印尼而言，投資金額最多的國家不是日本，而是美國。然而，何以印尼國民的示威活動，不是針對第一大投資國美國，而針對第二大投資國日本？主要原因有三（倉沢愛子，2009: 294-295）：

第一，美國雖為印尼最大的投資國，但投資重點放在爪哇島的資源開發，一般印尼民眾不易察覺；而日本的投資則是集中在日常消費用品，市場與商店處處可見到日本商品。

第二，日本企業在印尼的資本合作對象，絕大部分是華人企業（約占95%）。華人與印尼族裔之間的矛盾，是牽動近代印尼政治、經濟與社會發展的重大議題。日本企業與華人企業的合作關係，使其極易受到印尼國內「排華」風潮的影響。

第三，日本企業在印尼工廠的經濟管理，過度強調效率與紀律，忽視印尼的社會與宗教文化。例如，當時部分的日本企業禁止印尼員工進行伊斯蘭教的禮拜行為，原因是「一日五次」的禮拜會大幅降低工廠生產效率。

印尼的反日暴動事件之後，日本政府乃積極網羅官僚、財界與學界的知識份子與實務經驗者，制定日本人在東南亞地區的「行動規範」。此一行動規範，主要是要勵日本人學習當地的語言、了解當地的文化、強化與當地人民的交流，以及平等對待當地的勞工。另一方面，日本政府雖然持續在官方報告中強調：「經濟援助對開發中國家帶來很大的助益，且對本國的經濟安全保障有極大的效果」（通產省，1975: 135），但已開始思

考新的經濟安全保障架構，以及ODA政策的定位。

二、石油危機下的日本

正當日本透過ODA政策持續增加其在東南亞地區的投資之際，中東地區的局勢出現了急遽的變化。以色列與鄰近阿拉伯國家之間的緊張情勢，自1967年的「第三次以阿戰爭」（又稱之為「六日戰爭」）之後持續升高。1973年10月6日，埃及與敘利亞趁著猶太人最神聖的「贖罪日」，發動「第四次以阿戰爭」（又稱之為「贖罪日戰爭」）。阿拉伯國家陣營在戰爭初期取得優勢，但以色列隨後以裝備精良的裝甲部隊，重新取得戰場的主控權。1973年10月16日，石油輸出國組織（Organization of the Petroleum Exporting Countries, OECD）中的中東六國（伊朗、伊拉克、科威特、卡達、沙烏地阿拉伯、阿拉伯聯合大公國），為了向西方國家施壓，宣布將每桶原油的價格從3.01美元調升至5.12美元。隔日，阿拉伯石油輸出國家組織（Organization of the Arab Petroleum Exporting Countries, OAPEC）也宣告，將階段性地減少原油生產量。同年10月20日，OAPEC更決定對支持以色列的西方國家，如美國、加拿大、荷蘭、葡萄牙等國，進行「石油禁運」。

1973年12月23日，中東產油國又決定將原油價格大幅調升至11.65美元。此一政策的決定，立刻讓美國、加拿大、西歐和日本等西方先進工業國，每年增加400億美元的原油購買成本（Kissinger, 1982: 885）。中東國家的「石油戰略」，對西方的先進工業國家帶來極大的衝擊，一般稱之為「第一次石油危機」（1973 Oil Crisis）。對極端依賴外來能源的日本而言，原油價格的飆升，直接為日本的經濟環境帶來巨大影響。舉例來說，1973年10月至1974年2月期間，日本國內物價消費指數急速上升22%，GDP則是下跌3.4%（井村喜代子，2005: 312）。而礦工業生產指數、失業率、生產設備稼動率等其他經濟數據，均呈現戰後以來少見之惡

化數字。

　　為因應石油危機，日本內閣立即制定《國民生活安定緊急措施法》與《石油需給適正化法》。一方面以節約能源、減少公共投資、調升利率等方式紓緩物價膨脹的壓力，另一方面則透過增加石油儲備、替代能源的研發等措施，減輕未來因石油價格波動可能導致的衝擊（浅井良夫、寺井順一、伊藤修，2006）。日本政府的因應措施雖然有效控制通貨膨脹，但在強力的緊縮政策下，日本的經濟成長從1973年的9.9%，大幅衰退為1974年的-1.2%，為日本戰後首度的經濟負成長。

　　突如其來的石油危機，同時也對日本的經濟安全環境帶來重大衝擊。日本戰後以來的高速經濟成長，乃是奠定在重化工業的蓬勃發展之上；而日本重化工業的發展，則是倚賴廉價的中東地區石油。石油價格暴漲所帶來的環境變化，迫使日本必須重新調整其經濟發展策略。此一時期，日本政府所思考的經濟發展策略方針，主要有三個方向。

　　第一，資源與能源的穩定供給。日本為確保中東地區的石油供應，將原本對亞洲地區占90%的ODA比率向下修正為70%，而中東、非洲與中南美洲則各占10%（Orr, 1990: 55）。這讓原本以促進日本與東南亞國家經濟發展，強化日本經貿影響力的ODA政策，開始強調其能源面向的經濟安全保障概念。

　　第二，推動產業結構升級。日本通產省於1974年的《產業構造的長期願景》調查報告中，強調日本必須從資本密集的重化工業發展道路，轉換成知識密集的產業構造（通商產業調查会，1974）。而其具體的政策則包括：擴大對機電產業的融資、以行政指導推動日本機電氣業的策略聯盟、主導成立大型積體電路（Large Scale Integration, LSI）研究組織等。

　　第三，重視金融工具。在以美元為中心的固定匯率制度，即「布列敦森林體制」下，日本政府金融政策的目標是如何平衡國際收支（白川方明，2008: 32）。布列敦森林體制的瓦解，以及石油危機的發生，日本首次開始深入思考金融政策的目的，以及如何經由貨幣供應量與公開市場

作，達成金融政策的傳導效果（川口愼二、古川顯，1992: 280）。值得
一提的是，日本為緩解石油危機衝擊所發行的赤字國債，之後成為經常性
的財政措施，為1980年代日本的財政赤字問題埋下伏筆。

貳、綜合安全保障的政策內容

前述的東南亞國家的反日情緒，以及石油危機的衝擊，讓日本的經濟
安全保障環境出現重大變化。為因應此一變化，在經濟安全保障思維下，
日本一方面透過外交政策，以圖改善其與東南亞國家的關係；另一方面則
是積極實施石油替代政策，促進替代能源的開發與引進。前者的具體政
策，是福田赳夫首相於1977年8月在馬尼拉發表的「福田主義」（Fukuda
Doctrine）。「福田主義」明示日本對東南亞外交的下述三原則（若月秀
和，2006）：

第一，不做軍事大國，要為世界的和平與繁榮作出貢獻。

第二，與東南亞國家構築心與心相連的信賴關係。

第三，以對等的立場促進東南亞全域的和平和繁榮。

福田主義修正了原本具攻擊性的經濟外交，確認日本與東南亞國家
之間的和平共存關係，宣示日本的東南亞外交進入了一個全新階段。後者
的具體政策，則是加速進行核能發電廠的建置，以及引進東南亞地區的石
油與液化天然氣。舉例來說，日本在第一次石油危機之後，立即通過「電
源三法」（《電源開發促進稅法》、《電源開發促進對策特別會計法》、
《發電用設施周邊地域整備法》），廣建核能電廠以提供工業發展所需之
電力。而對東南亞國家所進行的能源投資，讓東南亞不再不僅是日本的生
產基地、貿易市場、能源運輸通道，更是日本石油與天然氣的進口來源
地。

　　在日本經濟安全保障思維進行轉換與調整之際，中東地區的局勢再度出現劇烈變化。自1978年1月開始，伊朗巴勒維王朝的統治合理性，持續受到國內民眾的質疑與挑戰。大規模的抗議活動，不僅癱瘓了伊朗的政治、經濟與社會，也影響伊朗最重要的石油產業。1979年1月，長期流亡海外的宗教領袖何梅尼（Ruhollah Khomeini）返回伊朗，並於同年4月建立政教合一的伊斯蘭共和國。受到此一「伊斯蘭革命」（Iranian Revolution）的影響，自1978年12月26日至1979年3月4日期間，伊朗全面停止原油的出口，致使全球原油市場出現供不應求的現象。原油價格從1979年1月的每桶12.7美元，飆升至同年11月的24美元，引發「第二次石油危機」（1979 Oil Crisis）（瀨木耿太郎，1988: 122-126）。1980年9月爆發的「兩伊戰爭」，升高了中東地區的緊張局勢，使得原本高居不下的原油價格，進一步上漲至每桶32美元。

　　隨著原油價格的上漲，日本國際收支盈餘迅速減少，國內物價上升壓力增大。日本記取了第一次石油危機的教訓，以漸進式、預防式的金融政策，作為穩定物價的主要措施（黑木祥弘，1999: 27）。與第一次石油危機時期相比，日本國內的物價在第二次石油危機期間，並未出現大幅波動，不僅避免了因原油價格上升引起的社會衝擊，也維持了景氣的自律性回升。然而，此次的石油危機，進一步強化日本對能源與資源安全的重視。

　　第二次石油危機期間，日本內閣官房下的「綜合安全保障政策研究會」，檢討過去以來日本的安全保障政策成果，衡量未來國際政治經濟環境的發展趨勢，撰寫《綜合安全保障研究報告書》，作為新的安全保障戰略指針。「綜合安全保障政策研究會」的議長（主席），雖由時任和平安全保障研究所理事長的豬木正道擔任，但主導報告書內容的則是前述的高坂正堯。高坂強調的維護自由貿易體制、強化日本經濟角色之「海洋國家日本」概念，貫穿了報告書全文，也直接影響了1980年代日本的經濟安全保障戰略與外交政策。

《綜合安全保障研究報告書》以國際、國家與國內等三個層級，分析當時日本的經濟安全保障戰略。首先是國際環境層級。報告中強調，為了維持相互依存的國際體系，日本必須為自由貿易體制、南北問題與經濟發展等課題貢獻力量。其次是國家層級。報告書指出，日本應與經濟往來密切的國家合作，共同努力維護相互依存的國際體系。最後是國內層級。報告中主張，日本必須強化對經濟威脅的應變能力，包括能源與資源的儲備能力、糧食的自給自足能力、產業與貿易的競爭能力等（綜合安全保障研究グループ，1980）。上述三個層級的分析，主要是在反省戰後日本安全保障的嚴重問題，即日本對外在環境危機的處理，過度依賴美國。因此，如何強化日本對國際環境的應變能力，以及對國際體系的貢獻能力，是此一時期日本政府思考經濟安全保障的重點。

在此一綜合安全保障的論述中，報告書進一步將安全保障的概念分為狹義安全保障與經濟安全保障。其中，狹義安全保障是指傳統的軍事安全保障，而經濟安全保障則是指安全保障中的非軍事層面因素。若以國際層級面向來看，狹義安全保障強調國際合作，並重視與敵對國家建立軍備管理的信賴機制；經濟安全保障強調維持自由貿易體制，重視解決南北問題。以國家層級面向來看，狹義安全保障重視同盟關係，以及與具有共同政治理念、利益的國家建立合作關係；經濟安全保障重視與重要經濟夥伴國家之間的友好關係。以國內層級面向來看，狹義安全保障重視自國的防衛力與國家社會全體的拒止能力（嚇阻能力）；經濟安全保障重視對資源、能源與糧食的自給自足能力，以及產業生產力與貿易輸出競爭力（綜合安全保障研究グループ，1980）（參見表6-1）。

因應新的國際政治經濟局勢，日本大平正芳首相在《綜合安全保障研究報告書》的基礎上，於1980年正式提出「綜合安全保障」戰略，強調日本安全保障的目標，必須包括下列幾項重大課題（衛藤審吉、山本吉宣，1991）：

第一，防衛日本領土免於軍事的威脅；

表6-1　狹義安全保障與經濟安全保障的層級分析

	國際層級	國家層級	國內層級
狹義安全保障	國際合作。與敵對國家建立軍備管理的信賴機制	重視同盟關係，以及與具有共同政治理念、利益的國家建立合作關係	自國的防衛力與國家社會全體的拒止能力
經濟安全保障	維持自由貿易體制，解決南北問題	重視與重要經濟夥伴國家之間的友好關係	自給自足能力、生產力與輸出競爭力

資料來源：參酌總合安全保障研究グループ（1980），作者自行整理。

　　第二，維護自由開放的國際秩序；

　　第三，實現能源的安全保障；

　　第四，達成糧食的安全保障；

　　第五，對應大規模天然災害。

　　總體而言，在能源供給不確定的1970年代，以及大國之間對立的1980年代，日本透過「綜合安全保障」的概念，來確保自國的經濟安全與國防安全。此一時期，隨著經濟的快速成長與國家競爭力的大幅提升，日本政府在安全保障領域逐漸跳脫過去的「被動保護」之消極角色，開始以經濟安全保障的思維，發展出爭奪國際市場主導權的「主動攻擊」角色。負責規劃此一時期經濟安全保障政策的機構是日本內閣官房，而負責執行的機構，則是分屬外務省、通產省與大藏省的相關經濟、貿易與金融局處。值得一提的是，為了推動綜合安全保障，日本政府於1980年12月設立「綜合安全保障關係閣僚會議」，成員包括官房長官（主席）、外務大臣、大藏大臣、防衛廳長官、經濟企劃廳長官、農林水產大臣、運輸大臣、通商產業大臣與科技廳長官等。

參、日美經濟摩擦的激化

一、日本政治經濟環境的變化

對日本而言，1980年代的國際政治經濟情勢，主要有三大關鍵事件。一是蘇聯入侵阿富汗，導致美蘇關係從緩和的低盪時期進入對立的新冷戰時期。二是中國推動改革開放，日中貿易關係日益緊密。三是全球化與新自由主義的經濟思維，經濟成為衡量國家競爭力的重要指標，以及推動對外關係的關鍵政策。在綜合安全保障思維，以及上述三大關鍵事件的影響下，1980年代的日本政府，以對外擴大日本的經貿網絡、對內推動國有企業的民營化，來營造良好經貿外交關係；同時透過強化自國經濟體質，建構日本的經濟安全保障環境。

（一）對外擴大日本經貿網絡

1978年之後，確立改革開放路線的中國，開始成為日本擴大經貿網絡時優先思考的市場。特別在中日兩國簽署《中日和平友好條約》之後，日本政府即進行規劃對中國提供日圓貸款和技術援助的ODA政策。在1979年至1984年之間，日本政府同意對中國提供第一階段的日圓貸款，總金額達3,309億日圓。而1984年至1989年期間，則是對中國再度提供5,400億日圓的第二階段貸款。第一階段的日圓貸款，主要集中在有關對日本煤炭出口的鐵路、港口等基礎設施建設上，是「綜合安全保障」政策中強調能源安全的一環。第二階段的日圓貸款，除了鐵路、港灣等交通設施之外，還增加電力與城市基礎設施的投資項目（金熙德，1999）。特別是在中曾根康弘內閣（1982-1987）期間，一方面積極與中國建立密切的經貿關係，另一方面則是在國際關係上扮演美中關係的橋樑（中曾根康弘，2012）。而雙方國家領導人的互訪，以及日益密切的經濟合作，更讓當時的日中關係被視為「過去兩千年以來的最佳狀態」（田中明彥，1991: 132）。

　　若以1980年代的ODA金額來看，日本對中國的經濟援助，占同一時期中國獲得外國經濟援助總額的90%以上，是當時中國推動改革開放政策時最重要的外資來源（古森義久，2002: 127）。值得注意的是，考量到冷戰對立的國際體系、蘇聯的疑慮與東南亞國家的感受，日本乃提出「對中經濟合作三原則」，來規範以ODA政策爲核心之日中經濟合作。「對中經濟合作三原則」是指：與先進工業國家協調一致、維持與東南亞國家的平衡，以及排除軍事合作（外務省アジア局中國課監修，1993: 209-210）。

　　進入1990年代之後，面對冷戰終結後國際情勢轉變以及國內對ODA政策成效的質疑，日本政府乃制定新的「ODA政策大綱」（Official Development Assistance Charter），並提出下述的「ODA四原則」：環境與開發並重、避免用於軍事及助長國際紛爭、維持並強化國際和平安全、關注開發中國家之民主化與致力導入市場經濟（外務省経済協力局編，1993: 7）。而日本的對中國ODA政策思維，也在新的原則下進行調整，一方面積極促進日本經濟利益和推動中國經濟發展，另一方面重視中國民主化、人權和自由等狀況，試圖將中國納入「國際體系」，使其成爲一可預測的、負責任的國家。

（二）對內推動國有企業的民營化

　　1970年代中期以後，日本政府爲因應石油危機對日本經濟的衝擊，乃積極舉債增加公共支出，藉以維持經濟景氣的持續擴張。然而，國債發行規模的擴大，也直接導致嚴重的財政危機。1981年，鈴木善幸內閣設置「第二次臨時行政調查會」，針對財政赤字及行政效率低落等問題，邀集專家共同研商行政改革的方向與內容。爲求行政改革的順利推動，當時擔任行政廳長官的中曾根康，極力邀請經團連名譽會長土光敏夫出任會議主席。

　　土光敏夫就任「第二次臨時行政調查會」主席時，對政府提出下列四

大要求。第一，必須確實執行報告內容；第二，不能透過增稅來實現財政重建；第三，必須推動地方行政改革；第四，最大限度發揮民間活力，對特殊法人進行整理或民營化（居林次雄，1993: 171-174）。關於日本國內的民營化課題，「第二次臨時行政調查會」鎖定的國有企業，是日本專賣公社、日本國有鐵道以及日本電信電話公社等三大公社。

　　事實上，面對石油危機之後的國際市場競爭壓力，日本國內一直存在改革企國有企業的聲浪。這是因為，就經濟面向而言，具壟斷性質的國有企業，形成國內市場的不公平競爭；就政治面向來說，經營效率低落的國有企業，無助於解決國家的財政負擔。當時所規範的民營化方法，是透過法人化將公社分割成幾個事業體，以股份制將企業的所有權從國家轉移至民間。

　　接任鈴木善幸出任首相的中曾根康弘，陸續推動國有企業的民營化，並將原本的日本專賣公社、日本國有鐵道以及日本電信電話公社，改制成為「日本菸草產業」（Japan Tobacco Inc., JT）、「日本鐵道集團」（Japan Railways, JR）以及「日本電信電話集團」（Nippon Telegraph and Telephone, NTT）。當時推動民營化的目的，除了完善國內市場機制之外，也有助於提升日本相關產業在國際市場的競爭力。

二、日美半導體摩擦

　　當世界各國因石油危機出現經濟停滯之際，日本政府以政策誘導產業集中輸出，日本企業以降低成本進行「減量經營」，成功地克服此一嚴峻的經濟情勢。與此同時，美國國內陷入嚴重的經濟衰退。1970年代的美國，國際收支的赤字主要來自於原油價格的高漲，製造業、運輸機械等主要產業，依舊能保有貿易黑字。然而，到了1980年代，美國的國際收支赤字不但持續擴大，原本屬於黑字部門的製造業與運輸機械，均轉為赤字部門。其中，高科技產業的貿易逆差，受到美國政府的高度關注。

　　眾所周知，戰後美國的高科技產業，在宇宙、軍事技術應用的基礎上，一直領先其他工業國家。美國在1958年就研發出積體電路（integrated circuit, IC）的技術，並廣泛應用在民生與產業製品上。而主導IC產業的核心技術之一，就是半導體（Semiconductor）技術。美國的半導體產業，在美國國防部、美國國家航空暨太空總署（National Aeronautics and Space Administration, NASA）的技術支持，以及IBM、德州儀器（Texas Instruments, TI）、美國國家半導體（National Semiconductor, NS）等大型跨國企業的改良生產下，在1980年代以前壟斷了全球市場。例如，1974年美國半導體的全球市占率，一度高達73%（三菱銀行，1989: 8）。

　　日本半導體產業的起步晚於美國，但進入1970年代之後，日本企業即大量地將微電子（microelectronics）科技應用在精密機械與汽車產業。當時的日本政府，將半導體視爲日本製造業競爭力的關鍵，通產省特別於1976年設立「超LSI技術研究組合」，成爲官方（工業技術院電子技術綜合研究所）與民間（富士通、日立、NEC、三菱電機、東芝）的技術合作平臺，成功地規範日本半導體的標準化製程。值得一提的是，1976年日本國內半導體的市場規模只有1,649億日圓，但投入「超LSI技術研究組合」的金額高達700億日圓，由此可見日本政府與企業積極發展半導體的決心（谷光太郎，1994）。官民一體的合作模式，一方面降低日本半導體的研發成本與生產成本，強化日本半導體企業的市場競爭力（參見表6-2）；另一方面則讓日本電子商品的微型化與高性能化發展，得到相應的技術支援，提升全體製造業的國際競爭力。

　　針對日本半導體產業的快速發展，美國商務部於1983年2月提出「美國高科技產業競爭力報告書」（*An Assessment of U. S. Competitiveness in High Technology Industries*），強調日本是美國高科技產業發展最主要的競爭國。報告書指出，1965年至1980年的15年間，美國的高科技產業只在飛機與電腦產業持續擁有競爭優勢，但在電子、光學、醫療機器、精密機械與汽車等產業，日本的競爭力已凌駕於美國之上（U.S. Dept. of

表6-2　半導體企業市場佔有率排行

	1980年	1985年	1990年
1	TI	NEC	NEC
2	Motorola	Motorola	東芝
3	NS	TI	日立
4	NEC	日立	Motorola
5	日立	東芝	Intel
6	東芝	Philips	富士通
7	Intel	富士通	TI
8	FCI	Intel	三菱
9	Philips	NS	Philips
10	Siemens	松下電子	松下電子

資料來源：參酌肥塚浩（2011: 5），作者自行整理。

Commerce, 1983）。特別在半導體產業的發展上，無論是技術研發與生產製程，日本已經超越美國，成爲半導體產業的領先國。

　　爲了保護美國半導體的智慧財產權，以及牽制日本半導體產業的發展，美國於1984年5月通過《半導體晶片保護法》（Semiconductor Chip Protection Act）。法案通過後，Intel與Motorola立即對NEC與日立提起侵權訴訟，開啓了日美半導體摩擦的序幕。1985年6月，美國半導體產業協會（The Semiconductor Industry Association, SIA）也依據美國《1974年貿易法》的第301條規定，對日本的半導體產品提起訴訟。SIA指出，日本國內的半導體市場被日本企業所壟斷，屬於不公平的市場競爭。同年，美國半導體企業也控訴日本半導體企業，在美國市場違反「反傾銷」（anti-Dumping）相關法令；而美國總統雷根（Ronald W. Reagan）也指示商務部，立刻對日本半導體企業進行調查。

　　在美國的壓力下，日本與美國於1986年9月簽訂「日美半導體協定」，主要內容是爲了防止日本半導體的海外傾銷，以及開放日本國內

的半導體市場。1987年，美國認爲日本的半導體產業違反「日美半導體協定」，而對國內的日本相關商品（如電腦、彩色電視等）課以100%的報復性關稅（井村喜代子，2005: 370）。日美的半導體摩擦過程中，在美國的強勢要求下，日本不斷地讓步。而美國更在此一勝利的基礎上，通過《1988年綜合貿易與競爭法》，增設保護智慧財產權的「特別301條款」。在「特別301條款」的影響下，日美的半導體摩擦逐步擴大到人造衛星、超級電腦等產業領域，進而助長了1980年代末期的「可以說不的日本」風潮。

肆、《廣場協議》後的日本經濟安全保障思維

如前所述，戰後的日本在美國的支持下，倚靠科學與技術的基礎，以及勤勞的國民性，經1960年代與1970年代的高度經濟成長時期，發展成全球第二大經濟體。然而，同一時期的美國經濟，則是受到越戰的拖累出現停滯性通貨膨脹現象。在安全保障層面，日本一直依循美國的戰略，極少提出自國的主張；但在經濟層面，則因兩國經濟發展的差異，開始出現歧異與摩擦。早在1960年代，美國就曾經爲了爲緩解日美間的貿易不平衡問題，要求日本限制紡織品出口。因此，對日本外交而言，1960年以來的重大課題之一，就是設法緩解日美貿易摩擦，保證日美關係的順利發展（滝田洋一，2006）。1970年代的汽車摩擦與1980年代的半導體摩擦，都曾是日美經濟利益矛盾的具體象徵事件。

對於國力下降的美國而言，一方面希望透過1978年的「日美防衛合作指針」，讓日本在區域安全事務上扮演 重要且積極的角色（楊永明，2002: 27）。另一方面，面對日本的繁榮，國際競爭力日益低下的美國也充滿焦慮，甚至開始將日本視爲經濟安全保障領域的一大威脅。在外有蘇

聯軍事威脅，內有日本經濟威脅的情況下，1981年上任的美國總統雷根，乃採行全面減稅來協助經濟復甦的「雷根經濟學」（Reaganomics）。值得注意的是，出於對日本科學技術發展的疑慮，美國要求日本簽訂「對美武器技術提供相關交換公文」（1983年11月），以及設置「武器技術共同委員會」，對日本企業的科學技術發展進行制約與牽制。

　　「雷根經濟學」為了刺激美國國內消費，一方面降低所得稅和資本利得稅，另一方面則以金融緊縮政策抑制通貨膨脹。然而，全面減稅加劇了美國的財政赤字，與金融緊縮政策相互作用後，形成美國金融市場的高利率趨勢。美國的高利率讓日本與歐洲的資金快速流入美國金融市場，進一步導致美元的大幅升值。而以「強大的美國」為號召的雷根政府，也樂於維持「強勢的美元」（滝田洋一，2006）。然而，對面臨嚴重日美貿易失衡的美國而言，強勢美元反而進一步擴大其國際收支赤字。對此，美國的財政界與企業界一致認為，造成日美貿易失衡的原因是日圓匯價偏低；而導致日圓匯價偏低的原因，則是日本金融資本市場的封閉性（財務總合政策研究所財政史室編，2004: 328）。因此，當時美國解決貿易失衡問題的主流意見，是如何透過日圓匯率的調整來推動日圓的國際化，以促成日本金融資本市場的自由化。為此，作為日美兩國貨幣政策溝通平臺的「日圓美金委員會」（US-Japan Yen Dollar Committee），乃於1983年11月成立。

　　1985年9月22日，為了解決國內財政與國際收支的「雙赤字」（Twin Deficits）危機，美國乃邀集日本、英國、法國及德國等工業國家的財政部長與央行行長，於美國紐約的廣場飯店進行美元匯率的協議。與會的國家簽署《廣場協議》（Plaza Accord），同意共同出資以逐步調降美元對主要國家貨幣的匯率。總額102億美元的資金中，美國出資32億美金，日本出資30億美元，德國、法國與英國合出20億美元，其它的參與國合出20億美元。而被美國視為貿易失衡主因的日圓，則在《廣場協議》簽署後的9個月之內升值50%以上（中澤正彥、吉田有祐、吉川浩史，2011: 60-

61）。

　　《廣場協議》簽署後的日圓匯率劇烈變化，除了來自美國與其他先進工業國家的壓力之外，有受到日本政府的對應措施，以及國際油價波動的影響。各項影響因素的詳細說明如下：

　　第一，工業國家陣營聯合介入匯率的行動。《廣場協議》內容的公布，象徵美國政府經濟安全保障政策的變更，即由強勢美元路線轉向國際協調路線。國際金融市場率先反映此一政策方針，導致各國外匯市場的日圓匯價，在短期間內大幅上升。

　　第二，日本政府的對應措施。為了讓日圓能在短期內達成《廣場協議》中對日圓升值的要求，日本銀行採取「高目放置」政策，即在不調整銀行利率的情況下，容認、放置短期金融市場（銀行同業隔夜拆借市場）利率從6%上升至8%，以誘導日圓的持續升值（黑田晃生，2007: 218）。

　　第三，全球原油價格的大幅下跌。1985年12月之後，沙烏地阿拉伯決定大幅增產原油，導致原油價格從每桶25美元（1985年12月），下滑至每桶10美元以下（1986年7月）。由此，日本當年原油進口的金額，由406億美元下跌至241億美元，支出減少了約165億美元（岸本建夫，1994: 8）。此一減少的金額占當年日本輸入總額1,295億美元的13%，直接增加了日圓升值的壓力。

　　1986年，日本銀行認為日圓匯率已達合理的價位，必須採取相對寬鬆的金融政策，以避免日本經濟因日圓持續升值而受到打擊。同年1月29日，日本銀行第一次宣布調降基準利率，由原本的5%調降為4.5%。然而，日圓升值的壓力依舊未減緩，日本銀行乃於同年3月7日再度調降基準利率，由4.5%降為4%。之後，日本銀行在同年4月19日、10月31日，以及1987年2月20日，三度調降利率。即便日本銀行在1年之內五度調降基準利率（從1986年初的5%，一舉降至1987年出的2.5%），日圓依舊持續維持升值的態勢。

　　為了緩解日圓升值對日本經濟的負面影響，日本政府一方面持續調降

基本利率，另一方面則推出6兆日圓的減稅與公共投資計畫（「緊急經濟對策」）。在此一金融寬鬆政策的支持下，日本政府同步推動金融市場的國際化與自由化，優化日本國內銀行與企業的投資環境。而在日圓升值與國際原油價格暴跌的情況下，日本政府則是順勢化解可能因金融寬鬆政策造成的通貨膨脹，讓日本國內的物價維持穩定趨勢。上述的政策措施，讓日本順利克服日圓升值的壓力，重回經濟成長的軌道。若從數據上來看，1988年日本的經濟成長率爲6.2%，爲第一次石油危機以來的最高水準；而日本的國際收支黑字，則從1986年的14.2兆日圓，減少至1988年的10.1兆日圓（黑田晃生，2007: 224）。值得注意的是，此一時期推動日本經濟成長的主角，已從過去的國際貿易出口，逐漸轉爲國內市場消費。

　　日本經濟雖然在金融寬鬆與金融市場自由化的政策推動下，重回經濟成長的軌道，但也埋下資產泡沫化的種子。當時，日本企業受惠於國際原油價格暴跌，形成「所得轉移」（由產油國轉移至日本）的現象。因原油價格下跌而出現巨額利益的日本企業，與銀行充裕的資金結合，在金融國際化與自由化發展的環境下，開始使用財務槓桿進行積極的投資行動。當時日本企業在國內鎖定股票市場與不動產市場，在國外則是大規模地併購外國企業。

　　對1980年代的日本而言，最大的危機與挑戰來自於金融面向。無論是「日圓美金委員會」所要求的金融市場開放，還是《廣場協議》所要求的日圓升值，都與當時日本的經濟安全保障息息相關。例如，「日圓美金委員會」在1984年5月的報告書指出，必須努力擴充日圓對歐元的交易市場，開放美國企業參與日本資本市場，促進直接投資交流，以及推動日本國內銀行與金融市場的自由化（菊地悠二，2003: 89）。因此，在「綜合安全保障」的架構下，日本經濟安全保障的重點，從1970年代中期以來強調的資源與能源的穩定，轉爲外匯與金融的穩定。

　　總的來說，日本在廣場協議之後的各項外交與金融政策，均是爲了確保日本的經濟安全。而這些政策的短期目標，乃是穩定日圓匯率，以減緩

其對日本經濟的衝擊。中期目標則是透過金融鬆綁與企業併購，讓日本企業將生產網絡從東南亞地區擴大到西方工業國家，進一步提升日本國家品牌的競爭力。長期目標則是透過日本金融市場的擴大化與日圓的國際化，在國際資本與金融市場扮演更為重要的角色。

第七章
區域經濟整合與日本經濟安全保障

1987年11月，日本經濟學家野口悠紀雄在《週刊東洋経済》上，以〈泡沫膨脹的地價〉爲題，首度使用「泡沫」一詞來描述日本急速飆升的不動產價格（野口悠紀雄，2008: 157）。1988年之後，「泡沫景氣」開始成爲日本媒體用來形容當時日本經濟現象的一貫用語。日本的泡沫景氣，主要表現在不動產市場與股票市場的飆漲。在不動產市場方面，1990年日本全國不動產總值約2,456兆日圓，爲美國全國不動產總值的4倍（竹中平藏，2000: 85）。在股票市場方面，日經指數在1989年12月上漲至38,915的歷史高點，時價總額突破590兆日圓。當時，東京股票市場的交易量，超過紐約股票市場與倫敦股票市場的總和。

進入1990年代之後，歐美各國的經濟在冷戰結束的「和平紅利」下，呈現蓬勃發展的態勢。然而，此一時期的日本，則因制度與結構的失衡、金融體制的失調與總體經濟政策的錯置等諸多因素，面臨戰後以來最嚴重的經濟停滯，進入了「失落的十年」（岩田規久男，2005: 80）。東京股票市場在短短的34個月內，從歷史高點的38,915跌至1992年8月18日的14,309點，下跌幅度超過60%。而在經濟停滯的情況下，日本也開始調整其經濟安全保障的思維與政策。

壹、經濟停滯下的日本經濟安全保障

戰後的日本在日美安保體制的「盾牌」保護下，不斷地在安全保障領域中尋找可以主動出擊的「矛」。經過30年的發展，日本在1980年代確立了以經濟安全保障作爲「進可攻、退可守」的政策之矛。所謂的「進可攻」是指，日本可在自由貿易體制下，透過自國的經濟實力增強國家競爭力，以強化日本在國際政治經濟領域的影響力。所謂的「退可守」是指，以政策建構經濟安全保障環境，一方面確保日本的經濟穩定成長，另一方

面則提升日本國民的福祉。然而，到了1990年代，國際政治經濟環境、國內政治經濟環境與日美關係現急遽變化，讓日本的經濟安全保障政策進入了新的轉換期。

　　首先，在國際政治經濟環境方面。1980年代中期之後，蘇聯在戈巴契夫（Mikhail Gorbachev）的主政下，開始推動國內政治經濟的「改革」（perestroika）與「開放」（glasnost）政策，以及國際關係的「新思維外交」（new thinking of diplomacy）。影響所及，東歐國家紛紛出現民主化運動，兩極對立的冷戰體系亦開始出現和緩的跡象。1989年12月，美蘇兩國的領導人在地中海的馬爾他島舉行高峰會談，正式宣告冷戰的終結。

　　冷戰時期，「自由民主」或「共產集團」的標記是各國界定自己的主要標準，而軍事力量則是衡量各國影響力的主要依據。進入「後冷戰」時期之後，不同「文明」所延伸出的民族主義與宗教文化差異，逐漸成為各國自我認同的基礎（Huntington, 1993）。而強調經濟合作的區域經濟整合，則是各國因應此一政治經濟變遷的主要方式。例如，歐洲國家加速了歐洲聯盟（European Union, EU）的進程，亞太國家則是成立「亞太經濟合作會議」（Asia -Pacific Economic Cooperation, APEC），以促成亞太地區的經貿發展與自由化進程。

　　其次，在國內政治經濟環境方面。自1986年11月開始持續53個月的「平成景氣」，至1991年4月之後出現景氣反轉的態勢。日本股價與不動產價格急遽下跌，各項經濟指也開始惡化，景氣陷入長期衰退。在日本泡沫經濟破滅的過程中，金融機構承擔了大部分風險，造成銀行「不良債券」（呆帳）的激增，導致日本金融市場的流動性不足。此外，日本政府持續以擴大公共投資作為解決經濟停滯的對策，進一步加劇了日本的財政負擔。泡沫經濟破滅後，戰後以來被視為經濟發展典範的日本模式，明顯地已不適應當代的國際經濟環境。對此，日本政府在1990年代中期之後，嘗試透過政治、金融、產業制度的變革，以擺脫泡沫經濟帶來的後遺症。

　　隨著經濟情勢的惡化，日本的政治亦於1990年代初期出現劇烈變化。長期執政的自民黨在1989年7月的　議院選舉遭到空前的挫敗，致使政黨內各派之間的鬥爭浮上檯面。日益激烈的黨內權力鬥爭，不僅造成自民黨的分裂，也讓日本民眾對政治感到失望。1993年7月的第40屆眾議院議員總選舉，執政長達38年的自黨交出了政權，由新生黨小澤一郎主導在野黨聯盟，推舉日本新黨黨主席細川護熙擔任「連立政權」的首相，宣告日本政治進入了新的階段。

　　最後，在日美關係方面。隨著日美貿易摩擦的加劇，日美兩國的關係開始在1980年代後期出現變化。一方面，對1985年成為全球最大債務國的美國而言，全球最大債權國的日本已成為凌駕蘇聯的威脅。另一方面，日本國內則出現調整「日美同盟」的主張，強調日本應與各國合作，共同在後冷戰時期建立國際新秩序。日美關係在後冷戰時期的發展與變化，促使日本與美國開始思考美日同盟的新方向。

　　1994年8月12日，日本村山富市內閣公開「防衛問題懇談會」的最終報告（「樋口報告」），指出後冷戰時期的安全保障環境已出現質變，全球範圍的經濟競爭將取代軍事衝突。在美國不再具有壓倒性優勢的情況下，與美國之間存在著經濟矛盾的日本，首要之務是促進多邊安全合作機制之發展，其次才是充實美日安保關係之機制（內閣官房內閣安全保障室，1994: 1-3）。日本對「日美同盟」未來走向的消極化思維，讓當時擔任美國國防部助理部長的奈伊（Joseph S. Nye）感到憂心，乃於1995年2月提出「美國亞太安全戰略報告」（United States Security Strategy for the East Asia-Pacific Region, EASR），建議美國政府必須重新審視後冷戰時期的安全保障關係。

　　戰略報告中指出，面對走向大國化的日本，美國必須建立一個超越一般利益，同時符合美國長期國家利益的亞太戰略。值得注意的是，這份報告進一步確認的日美同盟內容與重要性。在內容上，強調後冷戰時期的美日同盟關係，應同時包含安全同盟、政治合作以及經濟貿易等三個層面；

在重要性上，主張日美同盟是美國東亞戰略之基礎，並期待日本對區域以及世界安全做出進一步的貢獻（船橋洋一，1996）。日美兩國針對國際與國內環境變化所提出的報告，指出了經濟安全保障對日美同盟的重要性，直接影響其後的日美安保體制「再定義」磋商作業，並促成1997年《日美防衛合作指針》的簽訂。

　　整體而言，1990年代的冷戰結束、全球化發展等國際政經局勢的變化，不僅加速了國際經貿的發展，也在北美、歐洲與亞太地區形成區域經濟合作趨勢。1997年亞洲金融風暴之後，東南亞國協（Association of Southeast Asian Nations, ASEAN）成員率先推動雙邊與多邊關係的經貿互助結盟，在亞太地區掀起一股FTA與區域經濟整合（regional economic integration）的風潮。面對此一內外環境急速變遷的新時期，日本一方面持續摸索日美的經濟安全保障關係，另一方面則是倚靠國際經貿組織（如WTO）機制協助日本開拓新市場。因此，對於快速興起的區域經濟整合風潮，日本是抱持相對消極的態度。然而，隨著日美「同盟漂流」論調的出現，WTO第九次多邊貿易交涉（杜哈回合）談判的觸礁，以及ASEAN主導推動成立「東協自由貿易區」（ASEAN Free Trade Area, AFTA）之後，日本開始調整其經濟安全保障思維，積極推動雙邊與多邊的FTA。[1]

貳、日本的FTA/EPA思維

　　如前所述，從1980年代中期開始蔓延的全球化趨勢，一方面加速了歐

1　「日美同盟漂」的觀點，最初是由《朝日新聞》評論家船橋洋一於1997年提出。船橋洋一（1997）指出，任由官僚階層常規工作維持的日美同盟，已失去明確的方向感，致使無法因應內外環境的劇烈變化。造成「美日同盟漂」的三大因素，分別為沖繩基地問題、朝鮮半島問題上，以及中國崛起問題（李明峻，2009: 55）。

盟（EU）與北美自由貿易區（North America Free Trade Area, NAFTA）的形成；另一方面，則是促成了WTO的成立。在東亞地區，則是在全球化趨勢與亞洲金融風暴的共同影響下，發展出以東南亞國協（ASEAN）為中心所形成的各項雙邊與多邊的FTA協定。日本在東亞地區的區域經濟整合風潮中，起步晚於周邊的國家，直到2002年才與新加坡簽訂第一個FTA。2004年，日本政府發表《關於今後經濟夥伴協定的基本方針》（《今後経済連携協定についての基本方針》），強調日本對外簽署EPA或者FTA，將以東亞為中心的經濟夥伴協定為目標，並在政治外交戰略上創造對日本有利的國際環境（范凱云，2009）。

　　一般而言，國際政治經濟領域所指稱的區域經濟整合，是指區域上或地理上接鄰的國家，透過彼此合意的協定建立互惠的制度，以去除生產要素的移動限制，使區域市場逐漸合而為一的過程。從經濟的觀點來看，區域經濟整合可以消除域內資源分配的失衡，並透過產業的整合優化進行經濟結構的互補，以達成縮小區域內部經濟差異，提升區域經濟發展的目的（Pelkmans, 2011）。從政治的觀點來看，區域經濟整合除了可以減輕區域內部的政治紛爭，建立區域國家的信賴關係之外，也可以強化區域整體的國際影響力（Kodama, 1996）。

　　各國目前推動的區域經濟整合，可大致分為整合前的區域合作階段，以及整合進程的五階段。前者是針對經濟整合所進行的架構協商，後者則是依整合的程度細分為FTA、關稅同盟、共同市場、經濟同盟、完全的經濟整合等五階段（參照表7-1）。大多數的研究均顯示，區域經濟整合範圍的擴大，會直接提升區域整體的經濟成長率（日本経済研究センター，2007；童振源，2009）。即便如此，若區域國家之間缺乏一定程度的「經濟互賴」（economic interdependence）與「文化關聯」（culture linkage），就不易形成經貿協議的交流平臺與合作機制（李世暉，2010）。

表7-1 區域經濟整合的模式

區域經濟整合的模式		內容	具體實例
區域經濟整合的前階段	區域合作	1. 針對特定議題進行協議，形成合作的平臺 2. 設置跨領域的協議機構 3. 對區域內的家進行全面的合作，並努力縮小各國之間的差距	APEC ASEAN+3
區域經濟整合的五階段	①FTA 傳統的FTA	商品貿易的自由化	東協自由貿易區（AFTA）
	①FTA EPA	除了商品之外，加上投資、服務、智慧財產權等其它領域的自由化	北美自由貿易區（NAFTA）
	②關稅同盟	對域外地區的貿易設定共同關稅	南美洲共同市場（MERCOSUR）
	③共同市場	廢除人員、資本等生產要素移動的限制	TPP
	④經濟同盟	共同協調經濟與金融政策	EU
	⑤完全的經濟整合	設置超國家機構，統一經濟政策	

資料來源：參酌Balassa（1961）、田辺智子（2005）、李世暉（2010），作者自行整理。

　　對2000年之後的日本而言，美國貿易政策的轉變與日美關係的變化，以及國際經貿情勢的變動與區域經濟整合趨勢的興起等因素，是促成日本FTA/EPA政策的外在壓力（Krauss, 2003）。其中，亞洲金融風暴是一個重要的轉捩點。雖然ASEAN與APEC並未在亞洲金融風暴中發揮功用，但日本認為進一步的區域整合機制，是降低未來東亞區域經濟危機發生的重要經貿戰略。另一方面，在長期景氣低迷下，日本國內的工商團體壓力

（Yoshimatsu, 2005），民間團體的改革訴求（浦田秀次郎，2002），以及執政者的「競爭國家」定位（菊地努，2004）等因素，則是讓日本積極推動FTA/EPA的內在壓力（參見表7-2）。其中，透過區域經濟整合推動經濟外交，既可提升日本的國際競爭力，也可以強化國內的政治基礎（政治菁英與產業資本的結合）。在上述的內外壓力下，日本自2000年之後即開始與貿易夥伴，特別是亞太地區的國家洽談經貿合作協議。

表7-2　影響日本FTA/EPA政策的因素

外部壓力（國際因素）	內部壓力（國內因素）
1. 日美關係的變化	1. 國內的工商團體壓力
2. 區域經濟整合趨勢的興起	2. 民間團體的改革訴求
3. 亞洲金融風暴	3. 執政者的「競爭國家」定位

資料來源：作者自行整理。

　　至2015年10月為止，日本共與新加坡、馬來西亞、泰國、印尼、汶萊、菲律賓、越南、印度、墨西哥、智利、秘魯、瑞士、ASEAN、澳洲、TPP等15個國家或區域簽訂了EPA；正在進行談判的對象，則有韓國（中斷）、蒙古、中日韓FTA、區域全面經濟夥伴協定（RCEP）、「海灣阿拉伯國家合作委員會」（GCC）、EU、加拿大、哥倫比亞與土耳其等9個（請見表7-3）。由上述的FTA/EPA的簽署國、談判國名單中可以發現，日本推動FTA的目的，一方面是為了維繫日本企業的生產與流通網

表7-3　日本FTA/EPA的現況（至2015年10月止）

已簽署（談判完成）	談判中
新加坡、馬來西亞、泰國、印尼、汶萊、菲律賓、越南、印度、墨西哥、智利、秘魯、瑞士、ASEAN、澳洲、TPP	韓國（中斷）、蒙古（大致完成）、中日韓FTA、RCEP、GCC、EU、加拿大、哥倫比亞、土耳其

資料來源：參酌經產省（2015），作者自行整理。

絡，另一方面是爲了確保生產資源與市場。因此，日本除了推動貨品貿易自由化的FTA，也強調服務貿易自由化、投資自由化，以及保障智慧財產權的EPA（李世暉，2012）。

　　總的來說，2000年之後的日本，在國際經濟環境上面臨區域經濟整合趨勢、全球化的市場競爭以及中國與韓國經濟實力的提升等挑戰，而日本國內經濟則呈現長期的景氣低迷。透過區域經濟整合的參與以尋求經濟貿易的夥伴與盟友，進而提升日本國民的經濟與社會生活，成爲此一時期日本積極參與區域經濟整合的主要目的。2015年10月完成談判磋商的「跨太平洋經濟夥伴協議」（TPP），即是日本延續此一思維而推動的全面FTA/EPA政策。

參、日本政府的TPP戰略

　　TPP原本是2006年5月由新加坡、汶萊、智利、紐西蘭四國簽署生效的多國間EPA。與一般的FTA相比較，TPP的涵蓋範圍除了貨物貿易之外，還包括了服務貿易、貿易救濟、動植物檢驗檢疫、貿易技術壁壘、智慧財產權、政府採購、競爭政策、海關合作、勞工政策與環境政策等方面的條款，被視爲一種全面的FTA（中華臺北APEC研究中心，2011：8-10）。2010年，原加盟國開始與美國、澳洲、越南、馬來西亞、秘魯等五國進行交涉，使得此一本以環太平洋四小國爲主的經濟戰略合作協定，一舉擴大成爲亞太地區重要的經貿整合協議，也成爲2010年APEC領袖峰會宣言（即「橫濱宣言」）的目標。日本也在同年10月，由民主黨的菅直人首相，提出了參與TPP的政策方針，並將TPP視爲確立日本經濟安全保障環境的重要戰略。

　　在菅直人首相就任半年後的施政方針（2011年1月14日）中，提出了「第三次開國」的政策綱要，並強調其對日本未來的重要性。菅直人

（2011）主張，過去150年來的日本，歷經了德川幕府末期的「明治開國」、太平洋戰爭之後的「戰後開國」，而成就了和平與繁榮的現代日本。菅直人進一步認為，當前的日本在不安定的國際環境，以及變動的國內政治、經濟與社會情勢中，日本面對前所未有的挑戰，必須要有「平成開國」的覺悟。而此平成開國的重要內涵之一，即是積極完成TPP的參與交涉，讓日本擁抱環太平洋的市場。

　　2011年2月，日本民主黨政府籌備「開國論壇」，計畫於日本各縣市召開TPP的公開討論會，以為政府在6月的內閣會議上進行政策判斷之依據。然而，2011年3月11日發生的東日本大震災，打亂了民主黨政府的政策思考順位；在災後復興優先的考量下，民主黨並未將TPP政策排入其內閣會議的議程。即便如此，日本民主黨政權依舊繼續在理論與政策思惟上，鼓吹TPP對日本經濟安全保障的重要性。例如，接任菅直人的野田佳彥，在2011年9月13日的首相「所信表明演說」（就職演說）中即表示，日本當前的經貿關鍵課題包括下列三項。第一重新建構能源體制，第二是日幣升值與產業空洞化對策，第三是經濟成長與財政健全政策。野田佳彥並強調，日本國內的經濟發展情勢，必須要擺脫封閉式的思維考量，而須同時兼顧國際經濟局勢的變動，進而以經濟成長、TPP政策為未來日本經濟發展的左腳、右腳，唯有在保持雙腳的平衡下，日本的經濟發展方能穩健地向前邁進、成長；而日本國民的經濟生活與社會生活，也能獲得保障與提升（野田佳彥，2011）。

　　在2012年12月的眾議院總選舉中，擊敗民主黨重新取得政權的自民黨，也對關注到TPP在日本經濟安全保障上的戰略角色。2013年2月22日，第96任的日本首相安倍晉三，在美國華盛頓的戰略與國際問題研究中心（Center for Strategic and International Studies, CSIS），發表題為「日本回來了」的演講，向世界宣示一個強大的日本回來了。安倍晉三在演講中提及，在亞洲市場崛起的今日，日本有必要也有能力擔負更多的責任，來促進這個市場共同的規則及價值。因此，日本除了必須繼續作為規則的

推廣者、國際公共財的守護者之外；也是美國與其他民主國家的盟邦與夥伴（安倍晉三，2013a）。同年2月28日，安倍晉三在國會發表施政報告，即以「強大的日本」為主題，論述當前日本所遭遇的課題、解決方針以及未來發展的願景。安倍晉三所擘劃的強大日本，要透過「大膽的金融政策」、「機動的財政政策」與「喚起民間投資的成長戰略」等「三支箭」的施政措施，讓日本擺脫經濟停滯的困境，成為世界經濟成長的中心（安倍晉三，2013b）。

在「三支箭」的施政措施中，「喚起民間投資的成長戰略」受到日本國內外的重視。而在此一成長戰略中，安倍政府宣示將以TPP作為調整產業結構、強化國家競爭力、改善國民生活的關鍵政策。對安倍政府而言，日本加入TPP之後，不僅可在上述的經濟領域獲得利益，更可透過TPP來強化日美同盟，共同建構新的國際經貿秩序。在上述政策思維下，安倍晉三於2012年3月15日，在首相官邸舉行記者會上，正式宣布日本即將參加TPP交涉的政策戰略方針。之後，從首相開始的政府官員開始積極發表TPP的正面言論，並透過媒體的各種報導，將參與TPP簡化為「日本再生」與「強大日本」的議題（李世暉，2014: 144）。在此一論述中，安倍政府經常引用經濟安全保障的思維，將TPP視為日本走出經濟困局、以及與周邊大國競爭、對抗的政策措施。

安倍政府對TPP政策的論述，主要來自於對區域經濟整合趨勢，以及亞太經濟安全保障環境變動的認知。事實上，自美國開始加入與主導TPP之後，亞太地區的經濟保障環境，就開始出現顯著的變動。首先，TPP成員國與交涉對象國的激增，使其重要性逐漸凌駕以APEC成員國持續推動的「亞太自由貿易區」（Free Trade Area of the Asia Pacific, FTAAP）。其次，透過公平競爭的TPP條款，在亞太地區排除以「國家資本主義」為競爭基礎的中國勢力。最後，ASEAN為確保其在亞太區域經濟整合的影響力，乃提出「區域全面經濟夥伴協定」（Regional Comprehensive Economic Partnership, RCEP）與TPP抗衡（馬田啓一，2014: 5-8）。

　　對安倍政府而言，面對此一經濟安全保障環境的變動，可透過TPP政策加以因應，並期待達成下列四項目標：

　　第一，以高規格的TPP條款，促使農業、金融、醫療等產業領域進行結構調整，提高日本的國際競爭力；

　　第二，與美國共同主導亞太地區的區域經濟整合，營造對日本有利的經濟安全保障環境；

　　第三，以自由貿易的TPP對抗國家資本主義的中國，牽制中國在亞太地區的影響力；

　　第四，以TPP為模式建構新的自由貿易秩序，並促成亞太各國進一步地邁向貿易自由化。

　　換言之，參與TPP所展現的日本國家戰略思維，是同時兼顧強化日本經貿影響力與維繫日美安保體制的重要環節。

　　與此同時，日本參與TPP所牽涉的各項複雜議題，也在日本國內引起廣泛的論爭，讓當代日本的經貿政策思維，呈現出其他的價值判斷面向。日本國內關於TPP的相關爭論，焦點主要集中在農林水產業、醫療服務產業、地方經濟與日美關係等四個層面（參見表7-4）。

表7-4　日本國內針對TPP的爭論點

	贊成派	反對派
農林水產業	TPP可強化農林水產業的競爭力，並使消費者得以享受低價的商品	TPP將毀壞農林水產業，並加劇通貨緊縮
醫療服務產業	TPP可提高醫療機構的經營效率，強化醫療產業的競爭力	TPP將導致醫療品質降低，國民負擔加重
地方經濟	TPP可藉由市場自由化而活絡地方經濟	TPP會壓縮地方產業的發展空間
日美關係	TPP可強化日美安保體制	TPP會讓日本更加依賴美國

資料來源：作者自行整理。

一、農林水產業

　　贊成派認為農林水產市場的自由化，廢除農產品的補貼政策，可促進日本相關產業的企業化經營，並降低消費者的負擔。以農產品為例，日本的農產品關稅平均約為12%；但主食的稻米與小麥，其關稅分別為778%與252%。以高關稅保障國內農產品的結果，使得消費者必須負擔高額的飲食費用。此外，對於日本農業的關稅保障，勢必使得政府投入農業的相關資源也受到政策保障（如肥料），結果將讓日本的經濟走向管理貿易而非自由貿易（キヤノングローバル戰略研究所，2012）。反對派則認為，農林水產品關稅廢除後，價格低廉的相關商品將大量流入日本市場，將使日本的通貨緊縮更加嚴重。而以加入TPP來促進日本農林水產業的企業化經營，雖可提高日本相關產業的競爭力，但也會加劇日本的通貨緊縮。另一方面，日本嚴格的食品安全標準，在加入TPP之後將可能成為「非關稅障礙」而受到其他會員國的挑戰，進而危及日本糧食的安全性（農文協編，2011）。

二、醫療服務產業

　　贊成派認為，日本醫師與護理勞動力的不足，將可藉由TPP的加入獲得紓解，而消費者亦可獲得較完整的醫療照護。此外，日本加入TPP後，日本國內的醫療服務將因市場自由化的競爭挑戰而提高其經營效率，而原本被禁止的混合診療（保險診療與自由診療並用）將可望解禁，除了可增加治癒難病的機會之外，也可提升日本的醫療技術（キヤノングローバル戰略研究所，2012）。反對派則以為，加入TPP後所帶來的醫療市場自由化，將導致下列弊端。第一，放寬外國醫療專業人員的資格將危及高品質的日本醫療服務。第二，外資與企業化組織的導入，將造成醫療服務的營利化趨勢，並形成價格主導的醫療市場，進而危及國民健康保險制度。第

三，混合診療解禁的結果，將使保險負擔的項目日趨減少，而自費負擔的項目日益增加，反而加劇國民的醫療負擔（荻原伸次郎，2011a）。

三、地方經濟

　　贊成派主張，加入TPP之後，雖然日本各縣市的政府採購（government procurement）項目必須對其他會員國開放，但日本的相關業者亦可藉此進入包括美國在內的海外市場。整體而言，TPP對日本地方經濟的發展是有利的（渡邊賴純，2011）。反對派認為，各縣市政府採購對外資開放之後，外國廠商在成本與利潤的考量下，其對地方的回饋勢必大幅減少，結果將降低地方經濟的資金流動，進而危及地方發展。另一方面，日本的地方產業，在市場自由化之後，也將面臨低價競爭而逐漸失去其特色（岡田知弘、伊藤亮司，2011）。

四、日美關係

　　贊成派認為，TPP的談判與執行過程中，日美兩國可重新確認兩國的共同利益，有助於深化彼此的經貿關係。此外，日美兩國共同加入強調自由開放與利益均衡的TPP，可進一步強化日美安保體制，有助於亞太地區的穩定發展。因此，TPP可視為未來日美安保體制的重要環節（キヤノングローバル戰略研究所，2012）。反對派則認為，美國將TPP視為對抗「東協加三」（ASEAN+3）與主導亞太自由貿易區（FTAAP）的主要戰略，也隱含對抗、圍堵中國勢力的意涵。因此，將TPP與日美安保體制連結是一種迫使日本選邊的冷戰思維，不符合現代日本的國家利益（荻原伸次郎，2011b）。

肆、TPP與日本經濟安全保障

　　整體而言，以TPP為核心的日本FTA/EPA政策，是日本對應當代國際經濟局勢，審視日本國內經濟發展現況後所提出的戰略方針。此一積極、開放的政策措施，呈現出當代日本的經濟安全保障思維，即透過強大的日本經貿影響力，在亞太地區來建構日美安保體制的積極功能。而其重要性，也反應在國家安全領域的研究成果上（山田吉彥，2011）。雖然TPP與「日本再生」、「強大日本」議題的連結，讓部分周邊國家（如中國）感到憂心，但卻使得「日本參與TPP」的議題，在日本國內取得媒體與民眾的支持。例如，在民主黨政權的野田內閣時期，關於日本加入TPP的議題，主要媒體的民調結果是贊成者多於反對者。而在自民黨安倍內閣宣示正式參與TPP談判之後，日本的主要媒體也都作了相同的民意調查。調查結果顯示，多數的日本民眾同意政府參與TPP的政策方針（參見表7-5）。

表7-5　日本國內民眾對TPP的態度

政府內閣	民意調查機構與調查時間	贊成	反對
民主黨 野田內閣	朝日新聞 （2011年11月12-13日）	46%	28%
	讀賣新聞 （2011年11月12-13日）	51%	35%
自民黨 安倍內閣	共同通信社 （2013年3月22-23日）	65.6%	26.2%
	日本經濟新聞 （2013年3月25-27日）	53%	29%

資料來源：參酌李世暉（2014），作者自行整理。

　　過去以來，自民黨政權中參與FTA/EPA的行為者，主要包括了外務省、經產省、農林水產省、首相官邸、日本經濟團體連合會（經團連）、

自民黨農林水產物貿易調查會、全國農業協同組合中央會（JA全中）以及公共媒體等（金ゼンマ，2008）。其中，日本全國農業協同組合中央會是日本地方農業連合會（Japan Agricultural Co-operatives, JA）的指導機關，在日本的農業縣市具有強大的組織與動員能力，對於傾向開放日本農業市場的FTA/EPA，抱持保守與謹慎的立場。另一方面，日本FTA/EPA從交涉磋商到締約執行，大致可分為彼此同意對話、民間智庫共同研究、政府機構共同研究、同意交涉磋商、正式交涉磋商、雙方締結協定、交付國會承認、正式生效等八個階段。其中，前三個階段屬於研究階段，主要行為者與相關的利益團體，可直接表達意見。中間的三個階段屬於談判階段，負責談判的外務省與經產省會定期公布談判的相關資訊。最後是國會審查階段，由執政黨提交國會表決通過後生效（參見圖7-1）。

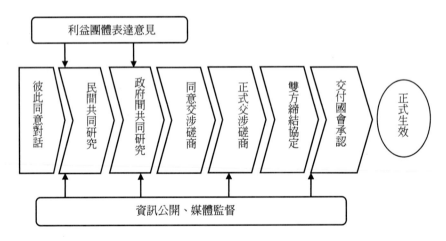

圖7-1　日本FTA/EPA交涉簽署過程

資料來源：作者自行繪製。

　　就政策思維的角度來看，自2002年開始的日本FTA/EPA政策，雖是屬於經濟安全保障的重要一環，但其政策形成的背景與過程，乃是分由「外

務省經濟局」、「經產省貿易經濟協力局」、「農林水產省」等相關局處負責，屬於鞏固既有經貿關係的零散對應策略，缺乏整體的戰略架構。到了2010年，日本重要的盟國美國，以及重要的資源來源國澳洲，決定推動TPP的交涉談判後，TPP就逐漸成為統合日本FTA/EPA政策的核心戰略思維。有鑑於TPP對當代日本經濟安全保障的重要性日增，自民黨的安倍政權在內閣官房下設「TPP政府對策本部」，統籌各部會中與TPP相關的政策及資訊。

　　2015年10月，美國、日本、加拿大、智利、墨西哥、秘魯、澳大利亞、汶萊、馬來西亞、紐西蘭、新加坡、越南等12個國家，歷經5年的談判後達成TPP的協議。值得注意的是，TPP對貿易商品原產地，以及對勞工權益與環境保護所制定的高標準規範，將對其它未加入TPP的亞太國家，帶來極大的壓力。雖然日本因應TPP的相關政策尚在規劃與推動階段，就美國的戰略思維與日本主要政黨的態度而言，未來日本政府因應TPP的政策，以及由TPP所延伸出來的相關討論，勢必將從個別產業領域，發展至其他與經濟安全保障相關的議題。若以TPP的定位、內容與發展過程來看，此項重要的經貿協議至少涉及到下列四項日本經濟安全保障議題。

一、參與國際經貿秩序的建構

　　由美國主導、日本參與的TPP，初期並未涵蓋中國、韓國、東協等重要亞洲市場。然而，有鑑於TPP對亞太區域經濟整合的關鍵性，以及參與成員的指標性，上述相關國家無法忽視此一經貿協議的影響力。雖然中國在1997年亞洲金融風暴之後，透過其快速成長的經濟勢力，直接影響東亞區域經濟整合的內容與進程。但在TPP形成之後，新時代的東亞區域經濟整合，將不再由中國主導。日本將借助TPP的實質影響力，重建其與周邊國家的經貿關係，並參與建構亞太地區以及國際的經貿秩序。

二、提升國家的競爭力

　　2012年之後的日本政府，將TPP視爲經濟與貿易的核心政策。期待以加入TPP爲政策依據，進行經濟結構的調整，讓日本經濟眞正走出困局。雖然日本國內的部分反對意見，將美國主導的TPP視爲第二度的「黑船來襲」，但決議參與TPP談判的民主黨政權，以及積極推動談判流程的自民黨政權均主張，當前的日本在不安定的國際環境，以及變動的國內政治、經濟與社會情勢中，必須要有「平成開國」的覺悟。而此一平成開國的重要內涵，即是積極與世界各國簽訂FTA/EPA，特別是須早日完成TPP的談判；而在TPP簽署後，則是要順勢推動日本國內相關制度的變革，提升日本的國家競爭力。

三、強化日美安保體制

　　日本加入TPP後，可讓日美安保體制獲得進一步的強化，並讓兩國的同盟關係從原本的軍事、政治面向，擴及至經濟與社會面向。在此一TPP的政策思維下，日本的國內政策將持續進行構造改革，日本的外交政策則是維持緊密的日美同盟關係。而日本亦可在美國的支持下，逐步進行政治與憲政體制的變革。例如，日本安倍內閣即在新《日美防衛合作指針》（2015年）的支持下，推動國會通過「和平安全法制完善相關法案」以及「國際和平支援法案」，讓日本的安全保障內涵出現自戰後以來的重大變化：由「個別自衛權」走向「集體自衛權」。

四、國家經貿策略的調整

　　2009年上臺的民主黨政權，原本是以提高工資、促進就業等需求面的思維，作爲日本的經貿政策主軸；而其主要關注的市場，是以中國爲重心的東亞市場。而2012年開始的自民黨政權，則是再度回到降低生產成本、

增加日本商品全球競爭力等供給面思維；而其主要關注的市場，除了東亞地區之外，以包括南亞的印度、歐亞交界的土耳其等地。換言之，在TPP政策思維下的日本經貿發展方針，已從「創造需求」策略調整為「增加供給」策略。

在2013年版的《外交青書》中，TPP不僅被認為是牽動亞太地區經貿發展的關鍵，也被列為日本參與區域經濟整合時的優先戰略選項（日本外務省，2013b）。針對日本參與TPP的議題，日本的全國性媒體幾乎都以贊成的立場發表過社論，其論點主張包括：參與TPP可鞏固日美同盟、形成對中國的包圍網、日本必須加速參與TPP以趕上區域經濟整合的潮流、日本若不加入TPP將會被韓國趕上等（李世暉，2014: 144）。與此相反的，日本的地方媒體多抱持相對謹慎的態度，並站在日本農林水產業者的角度，以維護日本糧食安全保障的觀點進論述說明。因此，即便「日本參與TPP」的議題在「日本再生」與「強大日本」的包裝下，取得國內主流媒體與民眾的支持，但反對勢力依舊對TPP抱持疑慮。

雖然12個成員國已完成TPP的談判，但未來因應TPP所進行的產業結構調整、法律規範鬆綁等措施，勢必將在日本國內引發新的論爭。即便如此，在可預見的未來，持續參與、擴大「全方位經濟安全保障思維」的TPP，依舊是日本推動區域經濟整合時的關鍵政策，也是日本同時兼顧國際自由貿易體制、國內產業經濟發展與國民經濟社會生活的國家戰略方針。

第八章　日本經濟安全保障與臺灣

當代日本的經濟安全保障思維，是從戰後初期的「擴大東亞經貿影響力」，演變成石油危機後的「確保資源穩定供給」，進而發展成區域經濟整合時期的「提供國民安定的經濟社會生活環境」以及「強化國家競爭力」。對日本政府而言，落實戰後日本經濟安全保障思維的政策工具，則是從戰後初期的ODA，逐漸轉變成石油危機後的綜合安全保障，進而發展成區域經濟整合時期的EPA與TPP。而在國際經貿環境變遷與國內經濟情勢轉變的過程中，日本經濟安全保障思維所關注的政策對象，也從戰後初期的企業、石油危機時期的能源，到現在的國家競爭力與國民生活。此外，主導日本經濟安全保障的政策機制也出現轉變，從早期的單一部會發展到後期的整合決策。

若以理論面來看，日本戰後的經濟安全保障，從戰後初期「防守的經濟安全保障」，演變成1980年代「進攻的經濟安全保障」，進而在2000年後轉換成「全面的經濟安全保障」。若以政策面觀之，面對不同時期的經濟威脅，日本在不同的政策思維下，採取了不同的應對政策。在此一政策演變的過程中，經濟安全保障在安全保障政策的位階，已從過去的從屬政策，逐漸發展成當代的核心政策。由於經濟安全保障所牽涉的領域愈發廣泛，不僅在日本國內引起立場針鋒相對的論爭，也在海外引起周邊國家的注意。

壹、從地緣政治到地緣經濟

如前所述，日本的經濟安全保障概念，從戰後初期的被動因應方針，逐漸成為日本特有的主動政策選擇，對日本的外交、經貿政策，發揮了決定性的影響力。而在此一經濟安全保障概念發展的過程中，日本也從戰前的強調「地緣政治」（geo-politics），轉變為戰後的重視「地緣經濟」（geo-economics）。

一、地緣政治的發展

「地緣政治」的概念源自於19世紀末期。當時,全世界的大部分地區都籠罩在歐美帝國主義的支配下,世界體系逐漸成形。歐美列強以及所有其他的國家,必須開始在有限的「唯一」空間內一較長短。由此,以政治景觀與環境關係為研究主題的現代政治地理應運而生,而以空間觀來解析國家和國際關係的地緣政治亦水到渠成(楊宗惠,1999: 159-160)。1916年,瑞典學者克哲倫(Rudolf Kjellen)首創「地緣政治」一詞,並將地緣政治定義為:將國家是為地理有機體或一空間現象,著重探討地理與應用政治學之間相互關係的科學(藤沢親雄,1925)。

地緣政治躍上西方學術舞臺之後,朝向下述兩個方向發展:

第一,分析世界權力的分配與制衡,代表學者為美國海軍將領馬漢(Alfred Thayer Mahan)與英國學者麥金德(Halford J. Mackinder);強調國家應如何維繫國際霸權以及阻止新霸權的誕生。

第二,分析國家生存與地理環境之間的關係,代表學者為德國學者豪斯霍夫(Karl E. Haushofer);概念分析的重點在於:國家必須善用地理環境因素,以利其在世界政經體制中建構「生存圈」(Lebensraum)。

馬漢在《海權對歷史的影響》(*The Influence of Sea Power upon History: 1660-1783*)一書中指出,海洋是歷史最重要的動力,也是國家財富與實力的最終決定因素。影響一國海洋權力的因素包括地理位置、地理型態、領土範圍、人口質量、民族特性以及政府制度等。而擁有強大的海軍,則是國家尋求權力的關鍵(Mahan, 1918[1890])。麥金德則是提出「陸/海對峙」的觀念,主張由哥倫布開啟的海權時代已經結束,在蒸氣火車與鐵路運輸網絡的快速發展下,未來的世界將是陸權國家主導的時代。麥金德進一步認為,世界政治的樞紐地區(pivot area),位於橫跨歐亞非三洲大陸的世界島(World Island)之中心。麥金德同時宣言,「誰能統治東歐,就能控制心臟地帶;誰能統治心臟地帶,就能控制世界

島；誰能統治世界島，就能控制世界（Mackinder, 1919）。

　　豪斯霍夫提出的「生存圈」概念，是由各國人口成長率來決定的空間需求。任何國家都有權追求國家的有機成長，達成「自給自足」（autarky）。因此，國家的疆界不是由「政治的」（political）或「人為的」（artificial）因素決定，而應是自然形成的疆界（natural frontiers）（Haushofer著，服田彰三譯，1940）。曾經於1908年至1910年間，在日本進行短暫停留的豪斯霍夫，實際觀察日本以軍事力量擴張國家生存空間的發展過程後，撰寫《日本軍力、其世界地位與未來發展的考察》為題的博士論文，高度評價日本的地緣戰略。

　　在大西洋彼岸的美國，史派克曼（Nicholas J. Spykman）則是在麥金德理論的影響下，於1943年提出「邊緣地帶」（Rimland）的概念，強調歐洲沿海地區、阿拉伯中東沙漠地帶以及亞洲季風區等邊緣地帶，是地緣利益的戰略關鍵所在。史派克曼一方面同意麥欽德的「陸／海對峙」觀念，另一方面也與馬漢的思維一致，認為美國已取代英國而成為最強大的海權國家。在海權、陸權的對抗中，權力的重心已經不再是「樞紐地區」，而是轉移到「邊緣地帶」（Spykman, 1944）。值得一提的是，史派克曼的地緣政治思維，直接影響肯楠（George F. Kennan）的「圍堵政策」（containment），可說是冷戰時期美國地緣戰略的主要理論基礎。

　　1925年，日本國際法學者藤沢親雄在《国際法外交雑誌》中，以國家論的角度介紹克哲倫的地緣政治理論後，開啓了近代日本地緣政治的論述發展。至1945年太平洋戰爭結束為止，日本地緣政治的發展大致可分為前期1920年代，中期的1930年代以及後期的1940年代。前期的主要活動為西方地緣政治理論的介紹，代表學者為前述的藤沢親雄，以及地理學者飯本信之。中期的主要活動是以亞洲主義分析日本的地緣政治環境，代表學者為京都大學地理學者小牧實繁。後期的日本地緣政治，則是受到豪斯霍夫的「生存圈」概念影響，在海軍中將上田良武擔任會長的「日本地政學協會」主導下，發展出「新東亞秩序」與「大東亞共榮圈」的理論基礎

（參見表8-1）。

表8-1　戰前與戰時日本地緣政治學的發展

	時間	學術活動／學術觀點	代表人物／組織
前期	1920年代	介紹西方地緣政治理論	藤沢親雄、飯本信之
中期	1930年代	以亞洲主義分析日本的地緣政治環境	小牧實繁
後期	1940年代	發展出「新東亞秩序」與「大東亞共榮圈」的理論基礎	「日本地政學協會」

資料來源：作者自行整理。

　　值得注意的是，戰前的日本地緣政治，主要還是圍繞在歐陸學者（特別是豪斯霍夫）的理論圍繞下進行論述，強調的是國家主義的「領土空間」。即便如此，也有部分日本學者開始認知到，領土空間概念有其分析上的僵固性，必須輔以相對動態的經濟學概念。例如，江沢讓爾（1939）即主張，單純以物理的領土空間理解地緣政治，將會遭遇理論上的侷限；必須透過經濟的觀點，透過對經濟空間的分析，補足地緣政治的理論缺陷。

　　二次世界大戰之後，由於地緣政治被視為德日兩國發動戰爭的理論基礎，使得德國與日本的地緣政治研究，沉寂了一段不算短的時間。以德國為例，一直要到1970年代，地緣政治才回到德國的主流學術領域，但其關注的不再是國際政治議題，而是國內的社會地理議題。另一方面，在美國主導的冷戰體制下，地緣政治的研究重鎮也由過去的歐陸地區，轉到世界強權的美國（楊宗惠，1999: 165）。

　　戰後初期美國的地緣政治思維，主要是在防止歐亞大陸出現一個強大的陸權國家。而當時以蘇聯為首的共產主義集團（蘇聯、東歐與中國），已經形成一個具有支配世界島的陸權聯盟。身為海權國家的美國，有必要在邊緣地帶建立防線與勢力。前述由肯楠提出的「圍堵政策」，就是最具

代表性的政策。肯楠強調邊緣地帶的戰略意涵，主張美國應聯合海洋民主國家，在歐亞大陸的邊緣地帶建構圍堵共產集團的戰線。值得注意的是，最初的圍堵政策並非以軍事力量爲基礎，而是期望透過「馬歇爾計畫」帶動透邊緣地帶的經濟復甦，以遏止共產勢力的擴張。

到了1970年代，「布列敦森林體制」的崩解、德日經濟勢力的崛起等國際政治經濟局勢因素，爲美國的地緣政治研究帶來新的課題。以Saul B. Cohen爲首的戰後美國地緣政治學者主張，地緣政治的分析本質在於釐清國際政治權力與地理環境的關係。然而，在一個分隔的世界體系中，地緣政治的觀點將會隨著變動的地理環境，以及人對此一變動的解釋而異。在當代國際社會，國與國的競爭是在分隔世界中的區域舞臺上進行，任何國家均可透過資源的成長換取權力位階。因此，地緣政治沒有絕對的優勢地區，區域主義將成爲世界權力均衡的關鍵（Cohen, 1973）。換言之，在國際政治系統出現權力分化之際，以動態思維思考不變的地理特徵，是戰後地緣政治研究內容與研究途徑的一大轉變。

二、地緣經濟的崛起

整體而言，二十世紀初開始發展的地緣政治，在內容上強調陸權、海權的國家競爭，曾經是主要國家制定戰略的理論基礎；而在政策與侵略擴張主義的緊密結合，也使其一度淪爲學術批判的對象。在冷戰時期，自然資源、出海港口、國家位置等現實地理環境因素，依舊是主導地緣政治的重要思維，但部分地緣政治的基本假設，已經開始劇烈變化。

首先是科學技術的變化。傳統地緣政治的立論基礎在於：在鐵道與船艦的技術發展下，陸權國家與海權國家之間存在著權力競爭關係。然而，二十世紀中期之後，航空技術的發展打破了原本陸權／海權對立的態勢，過去的理論無法說明空軍與長程飛彈的戰略意涵。舉例來說，法國學者Paul Virilio即主張，傳統地緣政治強調的領土與空間概念，在科學技術

的發展下，有必要調整為「速度」與「時間」（Virilio著，市田良彥譯，2001）。

其次是國家互動關係的變化。傳統的地緣政治主張，以軍事競爭為主的對立關係，是國家互動的核心關係。而在經濟全球化的趨勢下，經濟層面的相互依賴關係，已成國家互動的常態（庄司潤一郎，2004）。

其三是領土空間定義的變化。傳統的地緣政治對於領土空間，多抱持正面的評價態度。例如，領土範圍愈廣，國家競爭力就愈強。然而，在當代的國際政治領域中，除了論述領土空間的正面價值之外，也開始分析其負面意涵。例如，Fiona Hill與Clifford G. Gaddy即指出，廣闊且寒冷的西伯利亞是決定俄羅斯國家競爭力的關鍵。西伯利亞雖然蘊藏豐富的資源，但俄羅斯缺乏將資源轉為競爭優勢的經濟力量（Hill and Gaddy, 2004）。

最後是國力衡量基準的變化。傳統的地緣政治認定的國力，主要是指建構在國家基本要素（國土面積、人口與天然資源）上的軍事力量。對此，美國戰略學者Ray S. Cline（1999: 29）認為，除了軍事力量之外，國力的評量應包括經濟力量。其中，經濟結構、科技發展與財政能力，是評量一國經濟實力的重要指標。

有鑑於傳統地緣政治學的適用性受到質疑，部分學者乃提出「地緣經濟」（geo-economics）的概念，取代以國家為行為主體，以軍事力量為權力基礎的傳統地緣政治。Edward N. Luttwak即認為，冷戰的結束使世界進入了地緣經濟時代。在地緣經濟時代，決定一國國際地位的不再是武力，而是以經濟實力與科技力量為基礎的綜合國力。因此，國家之間的競爭環境，已經從過去的政治舞臺，轉移到了經濟舞臺；而國家間的競爭模式，也從過去的軍事主導的戰爭型態，變為通過國家政策來占領世界經濟版圖。此外，由於全球化的快速進展，過去按地緣政治概念所劃分的假想敵與競爭對手，在地緣經濟時代可能同時是緊密的貿易夥伴。換言之，地緣經濟所標誌的是一個超越國界與區域的新時代，以及競爭與合作並存的新關係（Luttwak, 1990; 1993）。

此一地緣經濟學的概念，就是研究如何從地緣角度出發，在特定區域範疇內以經濟手段來謀求國家利益的學科或理論。地緣經濟學所強調的經濟手段，主要包括共同開發能源、天然氣輸送管線過境許可、設立邊境自由貿易區及加入區域經貿組織等。國家可經由這些經濟手段，與鄰國或區域國家形成更緊密的互賴關係（吳雪鳳、曾怡仁，2014: 67-68）。若以戰略目標的觀點，地緣經濟是從地理的角度出發保護本國在國際競爭中的國家利益。因此，地緣經濟學戰略在目的上，更多地體現在國家的經濟利益（或是經濟層面上的國家利益）；而在競爭形式上，全球化時代的經濟競爭則是取代了冷戰時期的軍事競爭。

值得注意的是，地緣政治從政治地理的觀點出發，主張透過確保國家的政治利益來維護國家的經濟利益；而地緣經濟則是從經濟地理的觀點出發，強調達成國家利益的主要途徑是從經濟合作擴散至政治及安全領域的合作。換言之，地緣經濟學的出現，其目的是為了補充傳統地緣政治學的僵固之處，而不是為了追求新的研究典範。

貳、日本地緣經濟的特質

地緣概念下的日本屬於海洋國家。一般而言，海洋國家具有下列優勢，包括擁有天然的障蔽、良好的通商環境以及容易接受異國文化等。另一方面，海洋國家亦有下列缺陷，包括自然資源貧乏、國土戰略縱深不足等。海洋國家在優勢條件的影響下，在對外關係上多採取積極、開放的態度；但在缺陷條件的影響下，海洋國家的外交戰略也經常帶有一定的侵略性和擴張性。值得注意是，海洋國家會傾向運用海洋的地理環境、海運的經貿實力以及海軍的軍事實力，確保自國的安全保障。在具體的政策面向上，海洋國家關注保護海上運輸船隊的海軍力量、造船的工業力量、造船

材料的取得、支援航運的港灣設施、國家貿易發展方針等。

對海洋國家日本而言，其安全保障必須面對下述地緣的缺陷：第一，國家空間狹小，戰略縱深極其有限；第二，國內資源貧乏，市場狹小，對外依賴嚴重；第三，資源產地、市場與日本之間的聯繫依靠漫長的海上運輸線；第四，人口、經濟、交通高度集中，能力脆弱。上述地緣特徵造成了日本安全環境的脆弱性，直接影響日本的安全保障戰略（陸俊元，1995: 18）。然而，誠如第三章所述，當代日本的安全保障受到和平憲法與日美安保體制的制約，從戰前重視以自國軍事力量確保單一國家主權、領土與國民安全的「絕對安全保障」，轉變爲戰後重視以「經濟外交」、「科技外交」確保國際環境、跨國經濟面向的「相對安全保障」。而在此一轉變過程中，日本安全保障的障戰略目標，也從戰前的確保本土不受侵犯與獲得穩定的資源供應，轉變爲保障海上運輸線的暢通與擴大海外市場的占有率。

若以國際環境變化來看，海洋國家日本自明治維新之後，就開始與中國、俄羅斯等陸權國家，以及西方海權國家展開地緣政治經濟的利益競爭。第二次世界大戰之後的日本，則是在冷戰結構的外在環境，以及和平憲法架構、日美安保體制的內在環境下，建構穩定的經濟發展環境。冷戰時期的日本，最初重視的是解決戰爭賠償問題以及直接的經濟貿易利益；後來則在石油危機的影響下，積極加強與資源國家的政治與經濟聯繫，以持續維護其經濟大國的國際地位。進入後冷戰時期，全球化發展改變了國家競爭的本質，同時也增加國際互動的複雜性。此一時期，美國依舊是全球最重要的國家，但其影響力則因其經濟實力的衰退而出現下滑。中國則因經濟的急速成長，成爲後冷戰時期全球政治經濟變化的關鍵角色。此外，面對經貿競爭的激化，推動與強化區域經濟整合成爲各主要國家的因應對策。在東亞地區，美國試圖透過進一步的經濟整合，借助日本的經濟影響力以壓制中國擴張。

若以地理特徵來看，海洋國家日本擁有超過6,800座島嶼，海岸線長

達2萬9,000公里，僅次於加拿大、挪威、印尼、俄羅斯與菲律賓，居世界第六位（Central Intelligence Agency, 2005）；包括領海以及專屬經濟海域在內的海洋面積，則是超過440萬平方公里，僅次於美國、澳洲、印尼、紐西蘭與加拿大，居世界第六位（海洋政策研究財団，2005: 10）。由於海洋國家日本缺乏天然資源，與經濟發展密切相關的工業物資，絕大多數依賴進口（參照表8-2）。因此，日本的貿易總額中，海上貿易占的比例超過60%（參照表8-3與表8-4）。日本雖然缺乏大陸的天然資源，但卻擁有豐富的海洋資源。首先，日本的漁獲量（含養殖生產）爲世界第七位，僅次於中國、印尼、印度、越南、秘魯與美國；而日本專屬經濟海域蘊藏大量的石油礦床，以及被稱之爲「富鈷結殼」（cobalt rich crust）的稀土礦床，具有極高的經濟戰略價值。

表8-2　日本主要工業物資進口比例

工業物資	進口比例
燃　媒	100%
石　油	99.6%
天然瓦斯	97.2%
鐵　砂	100%
羊　毛	100%
棉　花	100%
大　豆	92%
小　麥	88%
木　材	72%

資料來源：參酌日本船主協会（2014），作者自行整理。

表8-3　日本海上貿易的輸出入總額　　　　　　　　　　　　（單位：兆日圓）

年	輸出		輸入		輸出入合計	
	總額	海上貿易額（%）	總額	海上貿易額（%）	總額	海上貿易額（%）
1985	42	36（86.7）	31	27（86.5）	73	63（86.6）
1990	41	34（82.0）	34	26（77.1）	75	60（79.8）
1995	42	31（75.3）	32	23（73.3）	73	54（74.5）
2000	52	33（63.3）	41	28（68.9）	93	61（65.8）
2005	66	46（69.5）	57	41（72.9）	123	87（71.0）
2010	67	44（65.0）	61	41（67.0）	128	85（65.9）
2011	66	43（66.2）	68	48（70.1）	134	91（68.2）
2012	64	48（74.8）	71	55（78.2）	135	103（76.6）
2013	70	52（75.0）	81	63（78.1）	151	116（76.7）

資料來源：參酌日本船主協会（2014），作者自行整理。

表8-4　日本海上貿易占全體貿易的比例

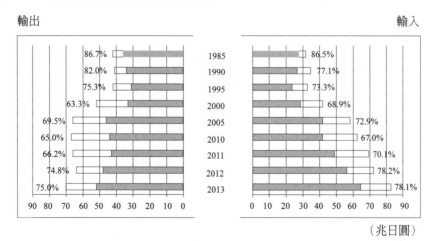

資料來源：參酌日本船主協会（2014），作者自行整理。

　　若以區域經濟來看，戰後的國際經貿體系，是以美國為核心的自由貿易體系。到了1980年代之後，國際經貿體系發展成三個相互競爭的經濟集團。首先是由美國領導的美洲經濟區；其次是以德國為中心的歐洲經濟區；最後是以日本為首的環太平洋經濟區。進入後冷戰時期，中國經濟的崛起以及區域經濟整合的快速發展，讓國際經貿體系的版圖出現重大變化。一方面，歐盟持續增加成員，將經濟勢力擴張至東歐與中亞地區；另一方面，美國企圖透過參與亞太地區與歐洲地區的區域經濟整合，即「跨太平洋經濟夥伴協議」（TPP）與「跨大西洋貿易暨投資夥伴協議」（Transatlantic Trade and Investment Partnership, TTIP），主導經濟全球化的發展方向。而日本則是深化、發展與東南亞地區、南亞地區的經貿關係，並積極參與新國際經貿秩序的建構。

　　綜合前述的國際環境、地理特徵與區域經濟因素，可歸納日本地緣經濟的關鍵面向如下。

　　第一，資源供給與使用的穩定。由於日本屬於島嶼國家，缺乏工業發展所需之天然資源。因此，對於足以影響工業製造與經濟發展的能源，一直是戰後日本特別重視的資源。以石油為例，日本為了穩定石油的供給與使用，長期關注石油的運輸、開發與保存。在運輸層面，日本將主要石油來源地的波斯灣海域，經麻六甲海峽、巴士海峽至日本之海上運輸航道，視為其國家的生命線（Sea Lines of Communication, SLOC）。在開發層面，日本透過經產省下轄的獨立行政法人「石油天然瓦斯・金屬礦物資源機構」（Japan Oil, Gas and Metals National Corporation, JOGMEC），支援國內相關企業在海外進行石油開採計畫。在保存層面，日本為因應第二次石油危機，於1978年首度啟動國家戰備儲油機制。戰備儲油量從1978年的7日，持續增加至2014年的114日（石油連盟，2015: 24）。

　　第二，貿易平臺與網絡的安全。明治維新之後，貿易立國一直是日本國家戰略的主要內涵。因此，如何維繫貿易平臺與網絡的安全，也成為日本國家安全的目標之一。過去的貿易安全，強調的是海運航線與生產原料

的穩定供給；現在的貿易安全，則是著重金融市場的變動性與網際網路的安全性。特別是日圓長期被視爲美元、歐元之外的重要國際貨幣；日本相當重視日圓國際化的推動，以及國際金融市場角色的強化。

第三，國家經貿競爭力的強化。自1980年代中期之後，經濟因素開始成爲衡量國家競爭力的重要指標。隨著市場自由化的推動與全球化的發展，國與國之間的經濟競爭關係，逐漸超越過去的政治競爭與軍事競爭關係。對日本而言，目前最重要的經濟關係爲日美關係與日中關係，次要的經濟關係則爲日韓關係與日臺關係。日本與美國之間存在許多共同利益，但在經濟面則是競爭大於合作；日本與中國之間存在許多利益衝突，但在經濟面則是互補大於競爭。韓國與臺灣均爲日本重要的貿易夥伴，但就產業發展的現況而言，日韓之間的競爭性大於合作性，而日臺之間的合作性大於競爭性。

第四，區域經濟整合的參與。全球化的發展趨勢，雖然促成了WTO的成立，但在東亞地區則因1997年的亞洲金融風暴，而發展出雙邊與多邊關係的經貿互助結盟，即FTA與區域經濟整合。東南亞國協（ASE-AN）率先在經濟制度上進行協調與合作，推動「ASEAN自由貿易區」（AFTA）。其後，日本爲了維繫與強化其與周邊國家及重要經貿夥伴之間的經貿關係，一方面與東協國家簽署FTA，形成以「東協加三」（ASE-AN＋3）爲基礎的「東亞自由貿易地區（East Asia Free Area）」；另一方面則積極與印度、澳洲等國洽簽EPA，以建構全球化時代下的日本經貿網絡。

第五，全球自由貿易秩序的維護。日本地緣經濟的核心概念之一，即是確保國家的經濟安全，強化國家的經濟競爭力。在具體的內容上，參與、主導國際經貿環境的規範，進而協助企業開拓國際市場並取得優勢地位，已成爲日本對外政策的優先選項之一。2015年10月，美國、日本、加拿大、智利、墨西哥、秘魯、澳大利亞、汶萊、馬來西亞、紐西蘭、新加坡、越南等12個國家達成TPP的協議，形成一緊密合作且貿易總額占全球

40%的經貿聯盟。TPP不僅爲一高規格的貿易協定，也是全球化時代下的地緣經濟協定。在美國與日本的主導下，TPP所設定的經貿進程，勢必成爲全球經貿的重要議題；TPP所制定的經貿規範，也將成爲其他區域經濟整合的指標。

參、戰後臺日的經貿關係發展

　　殖民統治時期的臺灣，在對外貿易上全面從屬於日本。不但依賴日本市場，在貿易結構上與日本形成互補關係，且絕大部分的貿易活動是由日本商社壟斷經營。二次戰後初期，臺灣雖與中國在經濟與貿易上產生短暫的互補循環作用，但國共內戰所形成的政治斷裂，一度讓臺灣形成獨自的經濟圈，促使臺灣再次與有深厚經濟關係的日本，透過通商貿易再度產生互補關係（劉進慶著，王宏仁，林繼文，李明駿譯，1993）。除了殖民統治時期的歷史背景因素之外，韓戰的爆發以及美蘇兩強在亞洲地區冷戰的激化，進一步推動戰後臺灣與日本在貿易上的緊密連結。

　　在冷戰架構下，美國一方面在東亞地區透過《日美安保條約》、《「中」美共同防禦條約》，與日本、臺灣共同築構亞洲的反共軍事防波堤；另一方面則是基於「相互安全保障法」（Mutual Security Act），對臺灣與日本進行經濟上的援助。在對中國問題的處理上，臺灣與日本在經貿政策上並不一致。臺灣堅持中華人民共和國爲叛亂集團，斷絕其與中國的一切政治、經濟與社會的連繫；而日本則是希望與中國保持經濟與貿易上的互動關係。然而，在美國的壓力下，日本首相吉田茂於1951年12月24日致函美方，發表著名的「吉田書簡」，向美方提出日本將與臺灣拓展「全面之政治和平與商務關係」的保證。而此一保證也載明於1952年簽訂的《日華和平條約》之中。

　　事實上，早在日本正式恢復主權地位之前，臺灣即曾爲了擴大臺日雙方的經貿關係，而於1950年9月6日與盟軍總部簽訂「關於臺灣與被佔領日本間貿易協定」及「財物協定」；並同時訂定「臺日貿易計劃」，作爲雙方貿易的執行依據（林鍾雄，1988；蔡偉銑，1999）。1953年，爲進一步落實經貿交流，建立完整的官方記帳貿易架構，臺日雙方簽定了《「中」日貿易辦法》與《「中」日貿易計劃》。而臺日貿易總額也在之後的20年間成長了36倍，從1952年的15.61億臺幣，激增至1972年的570.13億臺幣（參見表8-5）。此外，除了部分時期之外，臺灣對日本的貿易餘額（trade surplus），多半處於逆差狀態；而在1967年以前，日本一直都是臺灣最大的貿易出口國（李恩民，2001）。

表8-5　臺灣對日貿易統計（1952年至1972年）　　　　　　　單位：千元新臺幣

年次	輸出總額	對日本輸出	依存度（%）	輸入總額	自日本輸入	依存度（%）
1952	1,467,859	771,647	52.57	1,768,210	790,246	44.69
1953	1,984,309	903,869	45.55	2,754,305	843,528	30.63
1954	1,450,795	737,490	50.83	3,303,678	1,105,020	33.45
1955	1,916,930	1,140,153	59.48	3,145,998	958,322	30.46
1956	2,931,365	1,090,488	37.2	4,799,792	1,741,573	36.28
1957	3,674,503	1,294,901	35.24	5,259,378	1,744,751	33.17
1958	3,861,072	1,618,378	41.92	5,604,940	2,216,628	39.55
1959	5,708,248	2,369,131	41.5	8,419,831	3,396,629	40.34
1960	5,965,665	2,247,038	37.67	10,796,868	3,814,611	35.33
1961	7,812,176	2,262,035	28.96	12,894,294	3,993,144	30.97
1962	8,734,792	2,083,499	23.85	12,173,537	4,156,965	34.15
1963	13,282,602	4,209,210	31.69	14,483,366	4,295,985	29.66
1964	17,361,528	5,357,690	30.86	17,161,449	5,972,045	34.8

年次	輸出總額	對日本輸出	依存度 (%)	輸入總額	自日本輸入	依存度 (%)
1965	17,987,292	5,503,947	30.6	22,296,043	8,874,878	39.8
1966	21,450,780	5,153,578	24.3	24,956,663	10,082,849	40.4
1967	25,629,180	4,585,932	17.89	32,313,880	13,074,588	40.46
1968	31,567,554	5,115,541	16.21	36,221,506	14,500,648	40.03
1969	41,974,582	6,303,116	15.02	48,629,181	21,488,297	44.19
1970	57,131,723	8,625,019	15.1	61,110,446	26,176,596	42.83
1971	79,906,424	9,801,162	12.27	73,941,929	33,163,605	44.85
1972	116,648,491	15,069,528	12.92	100,791,412	41,944,672	41.62

資料來源：參酌李恩民（2001），作者自行整理。

　　在臺日經貿交流密切發展的同時，日本也開始與中國進行經貿的接觸。1962年，日本的高碕達之助與中國的廖承志簽訂「LT貿易協定」，雙方政府同意互設聯絡處、互換常駐記者，而日本政府也承諾由日本輸出入銀行（The Export-Import Bank of Japan）提供中國貸款。由於「LT貿易協定」的推進，使得1964至1966年期間，日本對中國的貿易出口總額，首度超越日本對臺灣貿易出口總額的現象（権容奭，2007）。

　　然而，1972年9月29日的「日中國交正常化」之後，戰後的臺日關係面臨結構性的改變：即由過去的官方交流，轉變為準官方的民間交流。同年12月1日，日本在東京設立「財團法人交流協會」，來維持與臺灣之間的各種「實務關係」。而臺灣也於日本「財團法人交流協會」成立後的隔日，在臺北成立「亞東關係協會」，作為「財團法人交流協會」的對口專責單位。與此同時，隨著「布列敦森林體制」的崩壞，日圓匯率在短期內大幅升值，加速推動日本企業的海外投資（井村喜代子，2005）。而日本對臺灣的直接投資，也從1960年代的0.69億美金，快速增加至1980年代的25.67億美金。除了直接投資之外，臺灣企業透過與日本企業的合作，也

獲得關鍵技術與企業經營的知識，強化了臺灣相關產業在美國市場的競爭力。

1980年代中期之後，在中國改革開放政策下，部分面臨生產要素上揚的臺灣勞力密集加工與代工產業，開始前往中國沿海城市投資。此一期間，中國民間企業尚在萌芽起步階段，產業供應體系亦未成形，這些移轉中國以從事加工代工為主的臺灣企業，取得來自臺灣中、上游廠商供應的原材料與中間財之後，組裝成產品出口至歐美與日本市場。1990年代之後，臺灣企業對中國投資的規模與範圍持續擴大，部分中、上游廠商也在此時開始移轉至中國，俾以供應在地投資的下游廠商。此外，工業國家的大型跨國企業所推動的全球供應鏈管理策略，進一步加速臺灣廠商在中國的產業鏈延伸（戴肇洋，2011）。而此一時期臺灣對中國的直接投資，以及藉由香港中繼的中港臺三邊貿易金額，也呈現急遽增長的態勢（參見表8-6）。

表8-6　臺灣對中國的直接投資（至1997年為止）　　　　　單位：百萬美元

年次	臺灣方面的統計		中國方面的統計	
	件	金額	件	金額
1991年以前	237	174	3,446	2,783
1992年	264	247	6,430	5,543
1993年	1,262 (8,067)	1,140 (2,028)	10,948	9,965
1994年	934	962	6,247	5,395
1995年	490	1,093	4,778	5,777
1996年	383	1,229	3,184	5,141
1997年	728 (7,997)	1,615 (2,720)	3,014	2,814

註：（）內的數值，為非事前申請的實際投資計畫之件數與金額。

資料來源：參酌中華民國經濟部投資審議委員會（2012）、中國商務部（2012），作者自行整理。

　　與此同時，臺灣與日本之間的貿易金額依舊持續成長，但臺日貿易占臺灣貿易總值的百分比，則從1987年的21.3%，下降至1997年的17.2%（參見表8-6）。依據雙方海關統計資料，進入2000年之後，日本已是臺灣第2大貿易夥伴，而臺灣則是日本第4大貿易夥伴（參見表8-7）。在後冷戰時期，資通訊科技（Information Communication Technology, ICT）產業的興盛與全球化的發展趨勢，使得臺灣與日本在貿易分工上的關係，集中在ICT製品相關的製造設備、零組件與最終消費財。若進一步分析臺日貿易品目，可以發現，日本對臺灣輸出的工業製品，主要以工具機及汽車零組件、光學零組件等上游產品；半導體與液晶面版的高精密製造設備，以及光學、家電製品等下游消費產品為主。而臺灣對日本輸出的工業製品則以半導體製品、光學製品、電腦相關零組件等上游產品，以及電腦成品及其週邊產品等中、下游產品為主（李世暉，2012: 171）。

表8-7　臺灣對日貿易統計（1987年至2014年）　　　　　　　　單位：億美元

年次	貿易總金額	占貿易總值（%）	輸出金額	占輸出總值（%）	輸入金額	占輸入總值（%）	臺對日貿易收支
1987	187.8	21.3	69.6	13.0	118.2	34.3	-48.6
1988	235.9	21.4	87.7	14.5	148.2	29.9	-60.6
1989	250.9	21.2	90.6	13.7	160.3	30.7	-69.6
1990	243.4	20.0	83.4	12.4	160.0	29.2	-76.6
1991	280.3	20.2	91.7	12.0	188.6	30.0	-96.9
1992	306.8	20.0	88.9	10.9	217.9	30.3	-129.0
1993	321.6	19.9	89.7	10.6	231.9	30.1	-142.2
1994	350.2	19.6	102.2	11.0	247.9	29.0	-145.7
1995	434.2	20.2	131.6	11.8	302.7	29.2	-171.1
1996	411.7	18.9	136.6	11.8	275.0	26.9	-138.3
1997	407.1	17.2	116.9	9.6	290.2	25.4	-173.3

年次	貿易總金額	占貿易總值（%）	輸出金額	占輸出總值（%）	輸入金額	占輸入總值（%）	臺對日貿易收支
1998	363.2	16.9	93.2	8.4	270.2	25.8	-176.8
1999	424.9	18.3	119.0	9.8	305.9	27.6	-186.9
2000	551.6	19.1	166.0	11.2	385.6	27.5	-219.6
2001	389.6	16.6	130.3	10.3	259.3	24.0	-129.1
2002	397.3	16.0	123.7	9.1	273.6	24.2	-149.9
2003	451.5	16.2	124.3	8.3	327.2	25.6	-202.9
2004	575.2	16.4	138.1	7.6	437.2	25.9	-299.1
2005	611.6	16.1	151.1	7.6	460.5	25.2	-309.4
2006	625.8	14.7	163.0	7.3	462.8	22.8	-299.8
2007	618.7	13.3	159.3	6.5	459.4	21.0	-300.0
2008	640.6	12.9	175.6	6.9	465.1	19.3	-289.5
2009	507.2	13.4	145.0	7.1	362.2	20.8	-217.2
2010	699.2	13.3	180.1	6.6	519.2	20.7	-339.1
2011	704.3	12.0	182.3	5.9	522.0	18.6	-339.7
2012	665.6	11.7	189.9	6.3	475.7	17.6	-285.8
2013	623.8	10.8	192.2	6.3	431.6	16.0	-239.4
2014	616.0	10.5	199.0	6.3	417.0	15.2	-218.0

資料來源：參酌中華民國財政部關務署（2015），作者自行整理。

值得一提的是，臺灣與日本的資本、設備與零組件大量集結中國，生產最終消費財後再輸往歐美地區，是導致後冷戰時期之臺‧中貿易、日‧中貿易額急遽成長的主因，被認爲是東亞經濟「雁行發展模式」的具體呈現（任耀廷，2009）。然而，中國市場的快速成長與個人消費能力的提升，也同時導致臺日間產品製程及製品的分工型態，從過去的側重垂直分工，逐漸轉爲垂直分工與水平分工並重，也讓當代臺日經貿關係與產業合作態樣，展現多元化與多樣化面貌。

肆、地緣經濟下的日本與臺灣

　　臺灣的地理特質與日本接近，同屬海洋島嶼國家，且同樣地依賴海外的經貿網絡。殖民統治時期的臺灣，在經濟上是日本的農業資源提供地，在軍事國防上則是日本的南進基地。冷戰時期的臺灣，則是在美國的圍堵政策下，與日本同屬民主陣營的東亞島鏈，彼此之間具有密切的地緣政治關係。事實上，臺灣同時具有世界各國海上交通線匯聚的交會點，以及東亞海域與東亞大陸勢力交會點的特質。若東亞大陸勢力（中國與俄羅斯）取得島鏈的控制權，就可以讓近海成為前進區域，除防止海洋勢力的進攻，更能滲透到遠洋海域；若東亞海洋勢力（美國與日本）控制島鏈，就可以施展制海權（command of sea）與制海（sea control）的目標，退一步可遏制或圍堵東亞大陸對外擴張的意圖，進一步則可威脅東亞大陸沿岸的重要軍事與民生目標，從而影響東亞地區的權力平衡（余家哲、李政鴻，2008: 163-164）。

　　另一方面，冷戰結構下的臺日經貿關係，亦是鑲嵌於美國的亞太戰略之中，受到美國經貿外交政策的影響。此一時期的臺灣，從資本、技術、工業原材料、關鍵零組件到企業經營模式，大多仰賴日本。臺灣企業從日本輸入原料零組件和關鍵技術，透過日本式的企業管理進行加工，再輸往美國市場，形成了緊密的臺日美三角經貿關係。此一臺日經貿往來的過程中，來自於日本的直接投資與技術轉移，不僅為日本企業帶來經濟利益，也帶動了臺灣的經濟發展。

　　進入後冷戰時期，在中國經濟實力崛起的過程中，臺灣企業是資金、技術與經營管理層面上的主要推動者。而中國經濟的崛起，為亞太地區的經貿環境，以及臺日之間的經貿關係，投下了新的重要變數。一方面，中國龐大的市場在亞太地區造成資金的磁吸效應，逐漸形成以中國為首的區域經濟整合趨勢。另一方面，臺灣企業對中國市場的制度與文化優勢，以

及韓國產品在中國市場占有率的提升，為臺日的經濟安全保障合作開啓了新的契機，強化了雙方經貿策略聯盟的動機。

　　無論是冷戰時期地緣政治的島鏈防衛，還是後冷戰時期東亞地緣經濟的變遷過程中，臺灣均扮演重要且關鍵的角色。臺灣也在1990年之後，開始正視己身地緣經濟角色的關鍵性，並提出臺灣應有的亞太戰略為：西和中國、北聯日本與南進東南亞（許介鱗、蕭全政、李文志，1991）。「亞太金融中心」、「亞太營運中心」等政策構想，即是此一地緣經濟思維的延伸。

　　與此同時，從1980年代中期開始蔓延的全球化趨勢，一方面加速了歐盟（EU）與北美自由貿易區（NAFTA）的形成，另一方面則是促成了世界貿易組織（WTO）的成立。臺灣與日本在區域經濟整合的風潮中，原本期盼透過世界貿易組織（WTO）的機制，形成有利的經貿環境與機制。然而，隨著WTO第九次多邊貿易交涉（杜哈回合）談判的觸礁，臺灣與日本開始調整其地緣經濟思維。在區域經濟整合趨勢、中國經濟崛起等國際經貿情勢的變遷下，臺灣與日本所思考的地緣經濟戰略，主要建構在兩個關鍵概念上。一個是FTA/EPA，另一個則是中國。因此，如何順利地與經貿夥伴國簽訂FTA/EPA或相關經貿協議，以及如何參與中國經濟崛起的過程，即成為臺灣與日本思考對外經貿發展的關鍵。

　　臺灣的FTA/EPA思維，一方面是為了維繫臺灣企業的生產與流通網絡，以及確保市場的競爭優勢；另一方面則是藉由FTA/EPA的簽訂，強化與經貿夥伴國家的政治與經濟關係。然而，臺灣在與重要經貿夥伴的FTA/EPA交涉過程中，受制於中國因素的影響，並未有任何重大的成果。日本的FTA/EPA思維，是透過區域經濟整合的參與，尋求經濟貿易的夥伴與盟友，進而提升日本國民的經濟與社會生活。因此，日本一方面與東南亞地區的經貿夥伴國（ASEAN）展開FTA/EPA的磋商，另一方面則是積極與澳洲、印度等國建立更緊密的經貿關係。

　　在中國因素方面，考量到中國低廉的生產要素與廣大的市場，臺灣

與日本的資本、設備與零組件大量集結中國，生產最終消費財後再輸往歐美地區，形成臺日間產品製程及製品的合作分工型態。值得注意的是，臺日之間的貿易金額雖然持續成長，但臺日貿易占彼此貿易總值的百分比，卻逐年下降；與此相反的，臺日與中國之間的貿易總值的百分比，卻逐年上升。換言之，中國經濟的崛起，已逐步改變了臺灣與日本的對外貿易版圖。

　　2010年對臺灣與日本而言，是地緣經濟戰略轉變的重要關鍵時期。在臺灣方面，2010年6月29日，在重慶舉辦的「第五次江陳會談」上，臺灣與中國正式簽署「經濟合作架構協議」（Economic Cooperation Framework Agreement, ECFA），確立了兩岸經貿關係朝向緊密、開放的發展路線。在日本方面，2010年9月7日發生的「閩晉漁號事件」，加劇了中日兩國在釣魚臺列嶼上的主權衝突，也讓兩國的經貿關係陷入了低潮。

　　2010年的這兩項重要事件，左右了臺灣與日本的經貿發展方向。臺灣在ECFA簽署之後，開始執行早收清單，兩岸之間的貿易總額，也在2010年之後大幅成長，一舉突破千億美元大關，並於2013年達到1,243.77億美元。此外，兩岸也同意就晚收清單的服務貿易、貨品貿易部分，儘早進行相關談判。而日本則是因為釣魚臺主權爭端，與中國之間的關係持續緊張。2012年9月11日，日本政府宣布將釣魚臺收歸國有之後，中日之間的對立態勢快速升高。而中日的貿易金額，也在2012年之後持續下滑。2013年的中日貿易總額為3,119.95億美元，要比2012年減少6.5%（日本貿易振興機構，2014）。

　　在此一關鍵時期，臺灣選擇透過ECFA與中國建立制度化的經貿機制。一方面藉此強化兩岸的經貿關係，另一方面以此一模式來與其它的貿易夥伴國建立FTA關係。日本則是在持續參與中國經濟崛起過程的同時，提出「Chnia＋1」的戰略以尋求中國之外的市場機會。而臺日的經貿關係發展，則在彼此不同的戰略思維下，進入了新的發展階段。

　　兩岸經貿發展的日益密切化，中日兩國經貿發展的停滯化，以及美國

重返亞洲思維的政策化，讓日本重新思考臺灣在日本經濟安全保障與地緣
經濟戰略的角色。若依前述日本地緣經濟的關鍵面向，可將日本與臺灣的
地緣經濟關係，進一步分析如下（參見表8-8）。

表8-8　日本地緣經濟考量與臺灣角色

	日本的地緣經濟考量	臺灣的角色
資源供給與使用的穩定	確保工業生產與經濟發展所需之大然資源	臺灣是東海海域島嶼領土爭議的當事國
貿易平臺與網絡的安全	強調海運航線與生產原料的穩定供給，以及著重金融市場的變動與網際網路的安全	臺灣周邊海域是日本資源供給與經貿發展的海上交通生命線
國家經貿競爭力的強化	因應市場自由化的推動與全球化的發展，重視經濟因素在國家競爭力中的角色	臺灣是日本重要的貿易黑字創造來源，亦是提升日本國家競爭力的重要經貿夥伴
區域經濟整合的參與	以FTA/EPA維繫與強化其與周邊國家及重要經貿夥伴之間的經貿關係	拉攏臺灣加入區域經濟整合，可增加日本在區域的經貿影響力
全球自由貿易秩序的維護	參與、主導國際經貿環境的規範，進而協助企業開拓國際市場並取得優勢地位	臺灣可為日本維繫亞太地區乃至於全球自由民主與市場經濟價值的重要夥伴

資料來源：作者自行整理。

　　第一，資源供給與使用的穩定面向。自1968年聯合國經濟及社會理事
會（United Nations Economic and Social Council, UNESC）發表報告，
指出東海釣魚臺列嶼附近海域直至南海之大陸礁層內可能蘊藏豐富石油及
天然氣後，日本、中國與臺灣三方之間，關於東海海底資源以及釣魚臺列
嶼（中國稱「釣魚島」，日本稱「尖閣諸島」）的領土主權歸屬爭端，開
始浮上檯面。2000年之後，日本在地緣經濟的考量下，提升對東海大陸棚
調查的層級與力度，也直接強化對釣魚臺列嶼的監視與實際控制。此一中

日臺的三方爭議，一方面是與經濟相關的海洋資源爭奪，另一方面則是與國防安全相關的戰略衝突。而距離釣魚臺列嶼最近，且持續主張島嶼主權的臺灣，實為日本在東海地區進行資源開發，以及確保日本經濟安全的重要關鍵。

　　第二，貿易平臺與網絡的安全面向。臺灣東北連接琉球群島、日本與阿留申群島，東南銜接菲律賓群島、婆羅州與印尼群島，是西太平洋島鏈的中心點（余家哲、李政鴻，2008: 163）。位於島鏈中心的臺灣周邊海域，乃為橫貫印度洋與太平洋的主要海上交通路線，更是日本資源供給與經貿發展的生命線。因此，臺灣的外交與經貿政策，會直接影響周圍海域的權力平衡，以及決定日本能否順暢地使用此一海上交通線。

　　第三，國家經貿競爭力的強化面向。就總體經貿關係而言，日本自戰後以來就與臺灣保持密切的經貿往來；此一長期且緊密的經貿關係，是形成臺日經濟共同利益的重要條件。從量的觀點來看，日臺貿易總額在1971年只有10億美元左右，1986年增加為100億美元。到了2000年時首度突破550億美元，2011年更是達到700億美元的歷史新高。從質的觀點來看，目前臺日之間不僅簽署包括「投資保障協定」、「電子商務合作協議」在內的各項協定，也在更進一步的經貿合作面向上，達成循序磋商的共識。因此，臺灣不僅是日本重要的貿易黑字創造來源，也是提升日本國家競爭力的重要經貿夥伴。

　　第四，區域經濟整合的參與面向。在中國經濟勢力快速崛起的亞太經貿環境下，日本與臺灣一方面積極參與中國的經濟成長過程，另一方面則因中國在東海與南海地區的強勢態度，而對中國的崛起產生疑懼。對日本而言，拉攏包括臺灣在內的重要貿易夥伴，共同參與區域經濟整合，既可增加日本在亞太地區的影響力，亦可以透過貿易網絡的建構，因應與對抗中國經濟勢力的崛起。

　　第五，全球自由貿易秩序的維護面向。戰後以來的日臺之間，不僅擁有長期且緊密的經貿關係，也在近代歷史環境下發展出社經文化同質性。

值得注意的是，戰後的東亞地區，日本與臺灣的經濟發展，均曾被西方世界稱讚為「奇蹟」；而日本與臺灣在政治上的民主發展，也被視為亞洲國家的代表。因此，維繫亞太地區乃至於全球自由民主與市場經濟的價值，不僅符合日本與臺灣的國家利益，也是日臺之間相互依存的共同命運。在此一背景下，TPP成為日臺地緣經濟戰略的最大公約數。

第九章　結　論

　　由1960年代政府開發援助（ODA）政策開啓的日本對亞洲直接投資，經過1985年《廣場協議》與其後的泡沫經濟催化下，東亞地區在1990年代形成一個以日本爲中心的區域經濟體。此一區域經濟體依靠日本的金融、日本的發展模式與日本的生產網絡關係，爲日本的經濟安全保障提供一相對穩定的國際環境。然而，1997年的亞洲金融風暴，在一定的程度上摧毀了此一「日本化」的東亞經濟與金融體制。當時，曾是東亞地區金融流動核心的日本國內銀行，面臨到本國金融體制的崩潰危機，從東亞地區撤走大量資金，進一步導致東亞地區金融環境的惡化。

　　對當代日本的經濟安全保障而言，泡沫經濟以及亞洲金融危機是影響深遠的關鍵因素，而金融安全亦成爲日本進行區域經濟整合時的核心議題。日本一方面針對歐美國家主導的國際貨幣基金（IMF）之金融管理機制與規範，提出嚴厲的批判，要求重新調整IMF的配額分配與代表權；另一方面，爲避免將來類似危機的發生，以及建全東亞地區的國際金融環境，日本政府乃於1997年9月提出「亞洲貨幣基金」（Asian Monetary Fund, AMF）的構想，並得到東協與韓國的支持（Hamilton-Hart, 2006）。

　　然而，當時與日本具有區域競爭關係的美國與中國，擔心日本區域影響力將藉由AMF的成立而回復、擴大，乃主張不應設置獨立於IMF之外的區域貨幣機構。在美國與中國的壓力下，日本不得不放棄設置AMF的構想。與此同時，作爲AMF的替代方案，日本提出了「新宮澤構想」（New Miyazawa Initiative），以300億美金作爲支援東亞國家的資本安定與經濟回復。延續「新宮澤構想」的機制，「東協加三」（ASEAN＋3）成員國的財政部長在2000年5月，就雙邊貨幣互換機制達成協議，聯合發表《清邁協議》（Chiang Mai Initiative）。

　　《清邁協議》雖然發揮了一定的功能，但日本在此一時期所採取的經濟安全保障作爲，明確地受到美國的制約而出現政策轉向。這讓日本理解到，落實其經濟安全保障的重要政策方針，不是挑戰由歐美國家主導的國

際經濟與金融體制，而是與之合作來強化日本在東亞區域經濟與金融的領導角色。對東亞地區的其他國家而言，日本的衰退降低了日本經濟與金融的威脅性，間接促成一個「沒有日本的東亞區域整合」之發展趨勢。在上述的背景環境下，中國經濟勢力的崛起與中日之間的競爭意識，進一步地將日本推向歐美陣營，逐步形成日本在經濟安全保障上的「脫亞入歐」思維。

眾所周知，日本自明治維新之後，屬行「脫亞入歐」的政策思維，最終朝向西方帝國主義傾斜，成為第二次世界大戰的戰敗國。戰後，日本一直對「脫亞入歐」抱持謹慎的態度，透過ODA與東亞國家建立緊密的經貿網絡關係，試圖成為亞洲發展「雁行發展模式」的領頭國家。因此，戰後的日本在很長的一段時間內，其外交、軍事戰略與經濟安全保障政策，屬於內向發展的「亞洲一員」。雖然在1980年代中期之後，日本一度想從亞洲的經濟大國轉為世界的政治大國，但此一政策思維因泡沫經濟破滅而受挫。

1997年的亞洲金融風暴後，日本在經濟面與金融面均面臨重大危機，中國適時填補此一地區的經濟權力與金融權力真空。之後，由東協國家所發起與主導的區域經濟整合，則是在此一態勢發展下選擇與中國市場合作。日本雖然急起直追，試圖透過雙邊FTA的簽訂，趕上此一東亞區域經濟整合的列車。但是，日本所處之經濟安全保障環境，卻日益惡劣。2011年的「311東北大地震」，以及之後的日中關係惡化等國內外情勢的劇烈轉變，不僅加深了日本的危機感，也讓日本傾向在經濟安全保障面向上，與歐美國家建立更緊密的經濟合作關係，正式成為「西方的一員」。

與明治初期主張全盤西化的「脫亞入歐」相比，當代日本政府所思考的「脫亞入歐」，不是效法歐美與加入西方陣營，而是要與歐美國家共同建構、維持國際經貿秩序，可視為「脫亞入歐2.0」。若以經濟安全保障的觀點來看，明治初期的「脫亞入歐」是引進貨幣、會計等西方經濟制度，參考西方經驗建立日本的經濟安全；當代的「脫亞入歐2.0」則是在

　　共同的經貿利益與價值觀之下，日本與西方國家合作參與建構新的經濟安全環境。

　　總的來說，明治時期的「脫亞入歐」與平成時期的「脫亞入歐2.0」，均是日本經濟安全保障環境面臨威脅之際的思維產物。明治初期的威脅，來自於歐美列強的資本帝國主義；平成時期的威脅，來自於區域經濟整合的邊緣化與中國經濟勢力的崛起。而此一「脫亞入歐2.0」的思維，具體呈現在當代日本的「俯瞰地球儀外交」政策方針，以及參與、推動TPP的政策作為上。日本一方面以地緣政治的觀點，推動對印度、土耳其、中亞與澳洲的經濟外交，遏制中國對亞太市場現狀的挑戰；另一方面則是以地緣經濟的觀點，加速雙邊與多邊經濟合作協議，與歐美國家共同參與建構全球經貿新秩序。

　　近代日本的國家安全，經過了兩次重要的「開國」事件，即1868年的「明治維新」，以及1947年的「憲政制度革新」。兩次的開國事件，以不同的方式讓日本脫胎換骨，走向經濟富強、國家安全之路。而被視為「第三次開國」的TPP政策，也被賦予相應的重要性與關鍵性。日本在開國事件之後的政策措施，無論是明治時期的「殖產興業」還是戰後的ODA政策、TPP政策，也實際牽動了東亞地區的經濟安全環境。

　　最後必須指出的是，重視經濟安全保障，是戰後日本國家安全的重要特徵。而此一特徵歷經了冷戰時期的兩極對立、兩次石油危機、日本泡沫經濟、後冷戰的文明衝突、亞洲金融風暴、區域經濟整合趨勢等重大國際政治經濟變遷，目前依舊是日本國家安全的核心，並持續影響當代日本的經貿、金融、外交與國防政策。

附 錄

近代日本經濟安全保障年表

代	在任期間	姓名	出生地	重要國內事件	國際關係
1	1885/12～1888/4	伊藤博文(1)	山口	實施內閣制	第一次修改不平等條約會議（1886/5）
2	1888/4～1889/10	黑田清隆	鹿兒島	發布大日本帝國憲法（1889/2）	
3	1889/1～1892/8	山縣有朋(1)	山口	公布府縣制、郡制（1890/5）、發布教育敕語（1890/10）、召集第一次帝國議會（1890/11）	
4	1891/5～1892/8	松芳正義(1)	鹿兒島	大津事件（1891/5）	西伯利亞鐵路動工（1891/5）
5	1892/8～1896/8	伊藤博文(2)			簽訂口英通商航海條約（1894/7）、甲午戰爭開始（1894/8）、簽訂馬關條約（1895/4）
6	1896/9～1898/1	松方正義(2)		實行金本位制（1897/10）	
7	1898/1～1898/6	伊藤博文(3)			戊戌變法（1898/6）
8	1898/6～1898/11	大隈重信(1)	佐賀	共和演說事件（1898/8）	戊戌政變（1898/9）

代	在任期間	姓名	出生地	重要國內事件	國際關係
9	1898/11～1900/10	山縣有朋(2)		公布治安警察法（1900/3）、確立軍部大臣現役武官制（1900/5）、立憲政友會成立（1900/9）	義和團事件（1900/3）、美國門戶開放政策（1900/9）
10	1900/10～1901/5	伊藤博文(4)		八幡製鐵所開始營業（1901/2）	
11	1901/6～1906/1	桂太郎(1)	山口	田中正造因足尾鑛毒事件請辭衆議員（1901/10）	締結日英同盟（1902/1）、日俄戰爭（1904/2）、樸資茅斯條約（1905/9）
12	1906/1～1908/7	西園寺公望(1)	京都	日本社會黨組成（1906/2）、鐵道國有法（1906/3）	南滿州鐵道會社成立（1906/11）
13	1908/7～1911/8	桂太郎(2)		大逆事件（1910/6）	日韓合併（1910/8）、締結日美新通商航海條約（關稅自主權）（1911/2）
14	1911/8～1912/12	西園寺公望(2)		大正改元（1912/7）	辛亥革命（1911/10）
15	1912/12～1913/2	桂太郎(3)		第一次護憲運動（1912/12～）	
16	1913/2～1914/4	山本權兵衛(1)	鹿兒島	西門子事件（1914/1）	
17	1914/4～1916/10	大隈重信(2)			第一次世界大戰爆發（1914/8）、日本對華提出二十一條要求（1915/1）

代	在任期間	姓名	出生地	重要國內事件	國際關係
18	1916/10～1918/6	寺內正毅	山口	憲政會組成（1916/10）、禁止金黃金出口、股市價格暴跌（1917/9）、米騷動爆發（1918/8）	俄國十月革命（1917/11）、西伯利亞出兵（1918/8）
19	1918/9～1921/11	原敬	岩手	修改眾議院選舉法（1919/3）	巴黎和會（1919/1～6）
20	1921/11～1922/6	高橋是清	東京	皇太子裕仁攝政（1921/11）	華盛頓會議（1921/11）
21	1922/6～1923/8	加藤友三郎	廣島	日本共產黨組成（1923/7）、發布陪審法（1923/4）、關東大地震（1923/9）	
22	1923/9～1924/1	山本權兵衛(2)		虎之門事件（1923/12）	
23	1924/1～1924/6	清浦奎吾	熊本	第二次護憲運動（1924/1）	
24	1924/6～1926/1	加藤高明	愛知	治安維持法成立（1925/3）、實現男子普通選舉（1925/5）	
25	1926/1～1927/4	若槻禮次郎(1)	島根	昭和改元（1926/12）、金融恐慌（1927/3～）	中國國民黨北伐開始（1926/7）
26	1927/4～1929/7	田中義一	山口	立憲民政黨組成（1927/6）	張作霖遭日本關東軍暗殺（1928/6）、簽定巴黎不戰條約（1928/8）

代	在任期間	姓名	出生地	重要國內事件	國際關係
27	1929/7～1931/4	濱口雄幸	高知	解除黃金出口限制	美國華爾街股市大崩盤（1929/10）、倫敦海軍裁軍會議（1930/1）
28	1931/4～1931/12	若槻禮次郎(2)			九一八事變（1931/9）
29	1931/12～1932/5	犬養毅	岡山	再次禁止黃金出口（1931/12）	滿州國發布《建國宣言》（1932/3）
30	1932/5～1934/7	齋藤實	岩手	帝人事件（1934/4）	希特勒就任德國總理（1933/1）、日本退出國際聯盟（1933/3）
31	1934/7～1936/3	岡田啓介	福井	眾議院通過「國體明徵」決議案（1935/3）、二二六事件（1936/2）	
32	1936/3～1937/2	廣田弘毅	福岡	決定國策基準（1936/8）	日德防共協定（1936/11）
33	1937/2～1937/6	林銑十郎	石川	海倫凱勒訪日（1937/4）	
34	1937/6～1939/1	近衛文磨(1)	東京	頒布國家總動員法（1938/4）	中日戰爭開始（1937/7）
35	1939/1～1939/8	平沼騏一郎	岡山		諾門罕戰役（1939/5）、德蘇互不侵犯條約（1939/8）
36	1939/8～1940/1	阿部信行	石川		第二次世界大戰爆發（1939/9）
37	1940/1～1940/7	米內光政	岩手	齋藤隆夫「反軍演說」事件（1940/2）	
38	1940/7～1941/7	近衛文磨(2)		大政翼贊會組成（1940/10）	日德義三國同盟（1940/9）

代	在任期間	姓名	出生地	重要國內事件	國際關係
39	1941/7～1941/10	近衛文麿(3)		決定帝國國策遂行要領（1941/9）	大西洋憲章（1941/8）
40	1941/10～1944/7	東條英機	東京		珍珠港事件（1941/12）
41	1944/7～1945/4	小磯國昭	栃木	東京大轟炸（1945/3）、美軍登陸沖繩（1945/4）	雅爾達會議（1945/2）
42	1945/4～1945/8	鈴木貫太郎	大阪	接受波茨坦宣言、二戰結束（1945/8）	波茨坦宣言（1945/7）
43	1945/8～1945/10	東久邇稔彥	京都	天皇與麥帥會面（1945/9）	簽定降伏文書（1945/9）
44	1945/10～1946/5	幣原喜重郎	大阪	GHQ五大改革指令（1945/10）、日本自由黨組成（1945/11）	遠東委員會成立（1945/12）
45	1946/5～1947/5	吉田茂(1)	東京	實施日本憲法（1947/5）	美國杜魯門主義（1947/3）
46	1947/5～1948/3	片山哲	和歌山	最高法院成立（1947/5）	美國國防部、中情局正式成立（1947/9）
47	1948/3～1968/10	蘆田均	京都	昭和電工疑獄事件（1948/9）	大韓民國成立（1948/8）
48	1948/10～1949/2	吉田茂(2)		東京裁判二五被告有罪判決（1948/11）	
49	1949/2～1952/10	吉田茂(3)		警察預備隊成立（1950/8）、社會黨左右分裂（1951/10）	中華人民共和國成立（1949/10）、韓戰爆發（1950/6）、簽定對日和平條約、日美安保條約（1951/9）

代	在任期間	姓名	出生地	重要國內事件	國際關係
50	1952/10～1953/5	吉田茂(4)		眾議院解散（1953/3）	
51	1953/5～1954/12	吉田茂（5）		昭和町村合併（1954～）、防衛廳和自衛隊成立（1954/7）、民主黨成立（1954/11）	
52	1954/12～1955/3	鳩山一郎(1)	東京		
53	1955/3～1955/11	鳩山一郎(2)		分裂的社會黨統一（1955/10）、自由民主黨組成（1955/11）	美英法蘇四國領袖在日內瓦開會（1955/7）、日本外相重光葵與美國國務卿杜勒斯會談（1955/8）
54	1955/11～1956/12	鳩山一郎(3)			日蘇共同宣言（1956/10）、日本加入聯合國（1956/12）
55	1956/12～1957/2	石橋湛山	東京		
56	1957/2～1958/6	岸信介(1)	山口	岸信介訪臺（1957/6）第一次召開憲法調查會（1957/8）	蘇聯發射人造衛星（1957/10）
57	1958/6～1960/7	岸信介(2)		皇太子結婚典禮（1959/4）、松川事件最高裁判決、社會黨西尾派再次組成同志會（1959/9）	簽訂日美新安保條約（1960/1）

代	在任期間	姓名	出生地	重要國內事件	國際關係
58	1960/7～ 1960/12	池田勇人(1)	廣島	發表所得倍增計畫 （1960/9）	
59	1960/12～ 1963/12	池田勇人(2)		公布新產業都市建設促進法（1962/5）	美蘇古巴危機（1962/10） 日中簽訂「LT貿易協定」（1962/11）
60	1963/12～ 1964/11	池田勇人(3)		東京奧運 （1964/10）	加入OECD（1964/4）
61	1964/11～ 1967/2	佐藤榮作(1)	山口	內閣會議通過發行國債（1965/11）、公明黨勢力進入眾議院（1967/1）	美軍空襲北越（1965/2）、締結日韓基本條約（1965/6）
62	1967/2～ 1970/1	佐藤榮作(2)		頒布公害對策基本法（1967/8）、大學學運加劇（1968）、通過新全國綜合開發計畫（1969/8）	東南亞國協成立（1967/8） 日美沖繩返還共通聲明（1969/11）
63	1970/1～ 1972/7	佐藤榮作(3)		大阪萬國博覽會（1970/3）、淺間山莊事件（1972/2）	沖繩返還（1972/5）
64	1972/7～ 1972/12	田中角榮(1)	新潟	日本列島改造問題懇談會第一次集會（1972/8）	中日建交（1972/9）
65	1972/12～ 1974/12	田中角榮(2)		第一次石油危機（1973後半）	越南戰爭結束（1973/1）、金大中事件（1973/8）、美國尼克森總統請辭（1974/8）

代	在任期間	姓名	出生地	重要國內事件	國際關係
66	1974/12～1976/12	三木武夫	德島	洛克希德事件（1976/2）、新自由俱樂部成立（1976/6）、確立國防預算低於GDP的1%（1976/10）	參加第一屆先進國高峰會（1975/11）
67	1976/12～1978/12	福田赳夫	群馬	「地方的時代」研究發表會（1978/7）	發表福田主義（1977/8）、締結中日和平友好條約（1978/8）
68	1978/12～1979/11	太平正芳(1)	香川		首度舉辦先進國高峰會（1979/6）
69	1979/11～1980/6	太平正芳(2)		自民黨四十日抗爭（1979/10～）、日本首度對中ODA（1979/12）	
70	1980/7～1982/11	鈴木善幸	岩手	第二次臨時行政調查會成立（1981/3）	
71	1982/11～1983/12	中曾根康弘(1)	群馬		大韓航空007號班機空難事件（1983/9）
72	1983/12～1986/7	中曾根康弘(2)		設立日本電信電話公司、日本煙草公司（1985/4）	簽署「廣場協議」（1985/9）
73	1986/7～1987/11	中曾根康弘(3)		日本國鐵分割民營化（1987/4）	

代	在任期間	姓名	出生地	重要國內事件	國際關係
74	1987/11～ 1989/6	竹下登	島根	對入侵領空的蘇聯軍機進行威嚇射擊（1987/12）、改年號爲平成（1989/1）瑞克魯特事件（1989/2）、導入消費稅制度（1989/4）	中國天安門事件（1989/6）
75	1989/6～ 1989/8	宇野宗佑	滋賀		
76	1989/8～ 1990/2	海部俊樹(1)	愛知		德國柏林圍牆倒塌（1989/11）
77	1990/2～ 1991/11	海部俊樹(2)		派遣海上自衛隊至波斯灣（1991/4）天安門事件後首度訪中（1991/8）	波斯灣戰爭爆發（1991/1）
78	1991/11～ 1993/8	宮澤喜一	廣島	制定ＰＫＯ法案（1992/6）、小澤一郎等人成立改革論壇21（1992/10）	蘇聯解體（1991/12）
79	1993/8～ 1994/4	細川護熙	東京	導入小選舉區比例代表並立制（1994/3）	北約空襲波士尼亞（1994/4）
80	1994/4～ 1994/6	羽田孜	東京	松本沙林毒氣事件（1994/6）	
81	1994/6～ 1996/1	村山富市	大分	阪神大地震（1995/1）東京地鐵沙林毒氣事件（1995/3）	世界貿易組織成立（1995/1）村山談話（1995/8）

代	在任期間	姓名	出生地	重要國內事件	國際關係
82	1996/1～1996/11	橋本龍太郎(1)	岡山	民主黨成立（1996/9）	
83	1996/11～1998/7	橋本龍太郎(2)		消費稅率增為5％（1997/4）、制定地方分權相關法律（1997/7）、山一證券倒閉（1997/11）、頒布周邊事態法（1999/5）	亞洲金融危機（1997/7）
84	1998/7～2000/4	小淵惠三	群馬	對入侵日本領海的北韓間諜船艦進行威嚇射擊（1999/3）自民黨、自由黨、公明黨三黨聯合組閣（1999/10）	
85	2000/4～2000/7	森喜朗(1)	石川		沖繩高峰會（2000/7）
86	2000/7～2001/4	森喜朗(2)		加藤之亂（2000/11）	愛媛丸沉沒事件（2001/2）
87	2001/4～2003/11	小泉純一郎(1)	神奈川	新省廳開始運作（2001/1）、日韓聯合主辦世界杯足球賽（2002/5）、公布日本開發援助大綱（2003/8）	日本與新加坡簽署FTA（2002/1）、911恐怖攻擊事件（2001/9）、日朝平壤宣言（2002/9）、伊拉克戰爭爆發（2003/3）
88	2003/11～2005/9	小泉純一郎(2)		派遣自衛隊至伊拉克（2004/2）、郵政民營化（2005/9）	美軍拘捕伊拉克總統海珊（2003/12）

代	在任期間	姓名	出生地	重要國內事件	國際關係
89	2005/9～ 2006/9	小泉純一郎(3)			日美同意普天間飛行場的遷移地點爲名護市邊野古（2005/10）、泰國軍事政變（2006/9）
90	2006/9～ 2007/9	安倍晉三(1)	山口	安倍晉三訪問中國與韓國（2006/10）	日中韓三國首腦會議宣言，要求北韓放棄核武（2007/1）
91	2007/9～ 2008/9	福田康夫	東京	日本終止對中ODA（2007/12）	美國雷曼兄弟宣布破產（2008/9）
92	2008/9～ 2009/9	麻生太郎	福岡	日本民主黨獲得國會選舉絕對安定多數（2009/8）	美國實施緊急經濟安定法（2008/10）
93	2009/9～ 2010/6	鳩山由紀夫	東京	日本民主黨政權成立（2009/9）	黃海海域發生「天安艦事件」（2010/3）
94	2010/6～ 2011/9	菅直人	山口	311東日本大震災（2011/3）	中國實行對日稀土禁運措施（2010/9）、阿拉伯之春（2010/12）、中國GDP超越日本，成爲全球第二（2011/1）
95	2011/9～ 2012/12	野田佳彦	千葉	日本將釣魚臺列嶼收歸國有（2012/9）	俄羅斯加盟ＷＴＯ（2012/8）
96	2012/12～ 2014/12	安倍晉三(2)		消費稅由5%增稅至8%（2014/4）	中國在東海上空劃定防空識別區（2013/11）、中國提出「一帶一路」經濟圈構想（2014/11）
97	2014/12～	安倍晉三(3)		戰後70年安倍談話（2015/8）、集體自衛權相關修法（2015/9）	美日等12國簽署ＴＰＰ（2015/10）

參考文獻

中文部份

丁幸豪、潘銳（1993）。《冷戰後的美國》。臺北：五南圖書。

于群（1996）。《美國對日政策研究》。長春：東北師範大學出版社。

王民信（2010）。〈國家安全研究之演進〉，王民信編著，《王民信高麗史研究論文集》。臺北：國立臺灣大學出版中心，頁1-62。

王佳煌（2004）。〈雁行理論與日本的東亞經驗〉，《問題與研究》，第43卷，第1期，頁1-31。

中華臺北APEC研究中心（2011）。〈從TPP的特點與美國加入的動因看亞太政經現勢〉，《APEC通訊》，第139期，頁8-10。

中華民國經濟部投資審議委員會（2012）。〈僑外投資、陸資來臺投資、國外投資、對中國大陸投資統計〉。（http://www.moeaic.gov.tw）。

中華民國財政部關務署（2015）。〈進、出口貨物價值統計〉。（https://portal.sw.nat.gov.tw/APGA/GA05）。

中國商務部（2012）。〈臺灣企業歷年對中投資統計表〉。（http://www.mofcom.gov.cn/tongjiziliao/tongjiziliao.html）。

朱雲鵬、林美萱（2002）。〈雁行理論是否仍適用於東亞發展〉，《國政分析》，2002年2月5日。（http://old.npf.org.tw/PUBLICA-TION/TE/091/TE-B-091-007.htm）。

任耀廷（2009）。《戰後日本與東亞的經濟發展》。臺北：秀威資訊科技。

何耀光（2013）。〈1930年代日本帝國的戰略選項—以東北亞地緣

戰略條件爲核心的觀察〉，《成大歷史學報》，第44號，頁187-236。

李世暉（1997）。《日美安保體制變遷之中共因素研究》。臺北：國立政治大學東亞研究所碩士論文（未出版）。

李世暉（2008）。〈日本政府與殖民統治初期臺灣的幣制改革〉，《政治科學論叢》，第16期，頁71-112。

李世暉（2012）。〈臺日經貿策略聯盟之研究〉，《臺灣國際研究季刊》，第8卷，第3期，頁165-183。

李世暉（2014）。〈日本國內的TPP爭論與安倍政權的對應〉，《臺灣國際研究季刊》，第10卷，第3期，頁131-149。

李明峻（2007）。〈日本的南太平洋政策〉，《臺灣國際研究季刊》，第3卷，第3期，頁111-134。

李明峻（2009）。〈冷戰後的日本對中政策〉，《臺灣國際研究季刊》，第5卷，第3期，頁51-72。

金熙德（1999）。《日本政府開發援助》。北京：社會科學文獻出版社。

林文程（2013）。〈國家安全研究之演進〉，林文程、郭育仁編著，《日本的國家安全》。臺北：國立政治大學當代日本研究中心，頁1-21。

林鐘雄（1988）。《臺灣經濟發展40 》。臺北：自立晚報。

吳雪鳳、曾怡仁（2014）。〈北韓的地緣政治經濟戰略：金正日主政以來的轉變〉，《遠景基金會季刊》，第15卷，第3期，頁57-116。

柯玉枝（2001）。〈當前日本對外援助政策分析〉，《問題與研究》，第40卷，第6期，頁31-52。

范凱云（2009）。〈日本對東亞經濟整合的見解與策略〉，江啓

臣、洪財隆編，《東亞經濟整合趨勢論叢》。臺北：臺灣經濟研究
　　院。頁265-293。

時報文教基金會編（2006）。《臺灣金融的健全化、效率化與全球
　　化》。臺北：時報文教基金會。

許雪姬（1996）。〈日治時期的板橋林家：一個家族與政治的關
　　係〉，張炎憲、李筱峯、戴寶村主編，《臺灣史論文精選　下》。
　　臺北：玉山社，頁77-130。

陳水逢（2000）。《日本文明開化史略》。臺北：臺灣商務印書
　　館。

陳牧民（2009）。〈領土主權與區域安全：中印領土爭議分析〉，
　　《臺灣國際研究季刊》，第5卷，第1期，頁157-183。

陳偉華（2001）。〈主權與戰爭：兩岸關係的轉捩點〉，《遠景基
　　金會季刊》，第2卷，第3期，頁189-211。

陸俊元（1995）。〈從地緣政治看日本的安全戰略〉，《日本學
　　刊》，1995年，第3期，頁16-24。

許介鱗、蕭全政、李文志（1991）。《臺灣的亞太戰略》。臺北：
　　國家政策研究中心。

黃炎東（2006）。《中華民國憲法新論》。臺北：五南出版社。

黃芝瑩、江奐儀、陳曉怡、李賢淇（2006）。〈我國發展科學園區
　　科技外交策略研究〉，《科技發展政策報導》，2006年6月號，頁
　　583-607。

童振源（2009）。《東亞經濟整合與臺灣的戰略》。臺北：政治大
　　學出版社。

楊永明（2002）。〈冷戰時期日本之防衛與安全保障政策：1945-
　　1990〉，《問題與研究》，第41卷，第5期，頁13-40。

楊宗惠（1999）。〈地緣政治研究今昔〉，《師大地理研究報

告》，第30 期，頁159-174。

蔡育岱、譚偉恩（2008）。〈從「國家」到「個人」：人類安全概念之分析〉，《問題與研究》，第41卷，第1期，頁151-188。

蔡東杰（2010）。〈日本援外政策發展：背景、沿革與演進〉，《全球政治評論》，第32期，頁33-48。

蔡偉銑（1999）。〈小國經濟與外交：以臺灣石化工業發展為 〉，《東吳政治學報》，第10期，頁133-174。

劉進慶著，王宏仁，林繼文，李明駿譯（1993）。《臺灣戰後經濟分析》。臺北：人間出版社。

戴肇洋（2011）。〈區域經濟發展之下兩岸企業合作策略之研究〉，「亞太區域經濟：整合、新局、動向」研討會。2011年11月25日。臺北：現代財經基金會。

蕭高彥（2002）。〈西塞羅與馬基維利論政治道德〉，《政治科學論叢》，第16期，頁1-28。

羅麗馨（2011）。〈豐臣秀吉侵略朝鮮〉，《國立政治大學歷史學報》，第35期，頁33-74。

日文部份

Eldridge, Robert D.（2008）。《硫黄島と小笠原をめぐる日米関係》。東京：南方新社。

Haushofer著，服田彰三譯（1940）。《太平洋地政学・地理歴史相互関係の研究》。東京：日本青年外交協会。

Montanus著，和田萬吉譯（1925）。《日本誌》。東京：丙午出版社。

Perrin著，川勝平太譯（1991）。《鉄砲を捨てた日本人－日本史に

学ぶ軍縮》。東京：中央公論社。

Virilio著，市田良彦譯（2001）。《速度と政治－地政学から時政学
　へ－》。東京：平凡社。

キヤノングローバル戦略研究所（2011）。〈TPPの論点－TPP研究
　会報告書最終版〉。（http://www.canon-igs.org/research_papers/
　pdf/111025_yamashita_paper.pdf）。

小川忠（2014）。〈「反日」の嵐が吹いた口があった〉，《アジ
　ア情報フォーラム》，2014年1月16日。（http://asiainfo.or.jp/col-
　umn/2014012603/）。

小林英夫（1981）。〈幣制改革をめぐる日本と中国〉，野沢豊
　編，《中国の幣制改革と国際関係》。東京：東京大学出版会，頁
　233-263。

小林直樹（1982）。《憲法第九条》。東京：岩波書店。

小島仁，（1981）。《日本の金本位制時代（1897-1917）》。東
　京：日本経済評論社。

小島清（1968）。〈比較優位パターンの工業国間比較：ヘクシ
　ャー＝オリーン命題の検証〉，《一橋大学研究年報・経済学研
　究》，第12号，頁121-194。

小熊英二（1998）。《日本人の境界：沖縄・アイヌ・臺湾・朝
　鮮－植民地支配から復帰運動まで》。東京：新曜社。

小野一一郎（2000）。《近代日本幣制と東アジア銀貨圏－円とメ
　キシコドル》。京都：ミネルヴァ書房。

大山梓編（1966）。《山県有朋意見書》。東京：原書房。

大石嘉一郎（1989）。《自由民権と大隈・松方財政》。東京：東
　京大学出版会。

大江志乃夫（1993）。〈山県系と植民地武断統治〉，《岩波講

座・近代日本と植民地4－統合と支配の論理》。東京：岩波書店，頁3-29。

大畑篤四郎（1983）。《日本外交政策の史的展開》。東京：成文堂。

大嶋健志（2010）。〈レアメタル資源確保の現状と課題〉，《立法と調査》。No. 311，頁43-50。

山本進（1961）。《東京・ワシントン》。東京：岩波書店。

山本満（1973）。《日本の経済外交》。東京：日本経済新聞社。

山本武彦（1989）。〈経済外交〉，有賀貞、木戸蓊、渡辺昭夫、宇野重昭、山本吉宣編著，《講座国際政治4：日本の外交》。東京：東京大学出版会，頁157-183。

山本武彦（2009）。《安全保障政策－経世済民・新地政学・安全保障共同体》。東京：日本経済評論社。

山田晃久（2011）。《日本外交・安全保障グローバルビジネス戦略》。東京：学文社。

山田吉彦（2011）。〈TPPがわが国の海洋安全保障に与える影響〉，《月刊JA》，2011年11月号，頁37-41。

三菱銀行（1989）。〈競合激化する世界の半導体産業〉，《三菱銀行調査》。第410号，頁1-22。

三菱商事株式会社総務部社史担当編（2008）。《三菱商事50年史：1954-2004》。東京：三菱商事。

川口愼二、古川顕（1992）。《現代日本の金融政策》。東京：東洋経済新報社。

日本史籍協会編（1978）。《横井小楠関係史料1》。東京：東京大学出版会。

日本貿易振興機構（2014）。〈2013年の日中貿易〉，《日中

貿易》，2014年2月。（http://www.jetro.go.jp/ext_images/jfile/report/07001568/07001568b.pdf）。

日本船主協会（2014）。〈世界海運とわが国海運の輸送活動〉，《海運統計要覧2014》，2014年10月。（http://www.jsanet.or.jp/data/pdf/data2_2014a.pdf）。

日本経済研究センター（2007）。《2007年度アジア研究報告書：ASEAN＋6経済連携の意義と課題》。東京：日本経済研究ャンター。

日本銀行百年史編纂委員会編（1982）。《日本銀行百年史一巻》。東京：日本銀行。

日本銀行調査局編（1974）。《図録－日本の貨幣10：外地通貨の発行》。東京：東洋経済新報社。

五百旗頭眞（2000）。〈戦後日本の安全保障－日米の政策－〉，《戦史研究年報》，第2号，頁1-12。

中西寬（2007）。〈安全保障概念の歴史的再検討〉，赤根谷達雄、落合浩太郎編著，《新しい安全保障論の視座》。東京：亜紀書房，頁21-69。

中村榮孝（1969）。《日鮮関係史の研究（中）》。東京：吉川弘文館。

中沢護人、森数男（1970）。《日本の開明思想：熊沢蕃山と本多利明》。東京：紀伊国屋新書。

中曽根康弘（2012）。《中曽根康弘が語る戦後日本外交》。東京：新潮社。

中澤正彦、吉田有祐、吉川浩史（2011）。〈シリーズ 日本経済を考える15：プラザ合意と円高、バブル景 〉，《ファイナンス》。2011年10月号，頁58-65。

中野等（2008）。《文禄‧慶長の役（戦争の日本史16）》。東京：吉川弘文館。

井上光貞、永原慶二、児玉幸多、大久保利謙編（1996）。《明治国家の成立》。東京：山川出版社。

井村喜代子（2005）。《現代日本経済論》。東京：有斐閣。

永井秀夫（1961）。〈殖産興業政策論：官営事業を中心として〉，《北海道大學文學部紀要》。No. 10，頁129-158。

永積洋子（2001）。《朱印船》。東京：吉川弘文館。

木村崇之（1971）。〈経済外交の新方向〉，《国際問題》。第130号，頁32-41。

内閣官房内閣安全保障室（1994）。《日本の安全保障と防衛力のあり方：21世紀へ向けての展望》。東京：東京官書普及。

北島万次（1982）。《朝鮮日々記‧高麗日記：秀吉の朝鮮侵略とその歴史的告発》。東京：株式会社そしえて。

北島万次（1998）。《豊臣政権の対外認識と朝鮮侵略》。東京：校倉書房。

矢嶋道文（2003）。《近世日本の「重商主義」思想研究：貿易思想と農政》。東京：御茶の水書房。

白川方明（2008）。《現代の金融政策》。東京：日本経済新聞出版社。

石油連盟（2015）。《今日の石油産業2015》。東京：石油連盟。

石原愼太郎、盛田昭夫（1989）。《「NO」と言える日本》。東京：光文社。

加藤陽子（2002）。《戦争の日本近現代史》。東京：講談社。

田口卯吉（1883）。《自由交易／日本経済論》。東京：経済雑誌社。

田中明彦（1991）。《日中関係：1945-1990》。東京：東京大学出版会。

田中明彦（1997）。《安全保障：戦後50年の模索》。東京：読売新聞社。

田村安興（2004）。《ナショナリズムと自由民権》。大阪：清文堂。

田辺智子（2005）。〈東アジア経済統合をめぐる論点〉，《調査と情報》，No. 489，頁1-10。

田岡良一（1964）。《国際法上の自衛権》。東京：勁草書房。

外務省（2006）。〈国際連合平和維持活動等に対する協力に関する法律〉，《PKOに関する規定》，2006年12月22日。（http://www.mofa.go.jp/mofaj/gaiko/pko/ pdfs/horitsu.pdf）。

外務省（2013）。《2012年版政府開発援助（ODA）白書》。東京：外務省。

外務省（2014）。〈日米防衛協力のための指針の見直しに関する中間報告〉，《日米安全保障体制》，2014年10月8日。（http://www.mofa.go.jp/mofaj/files/ 000055168.pdf）。

外務省アジア局中國課監修（1993）。〈大平総理の北京政協礼堂における講演〉，《日中関係基本資料集1970-1992年》。東京：財団法人霞山会，頁209-210。

外務省経済協力局（1993）。《我が国の政府開発援助1993上巻》。東京：国際協力推進協会。

外務省国際協力局（2013）。〈我が国ODAの軌跡と成果〉，《ODA60年の歩みと成果》，2013年7月7日。（http://www.mofa.go.jp/mofaj/gaiko/oda/files/000092735.pdf）。

立教大学日本史研究会編纂（1970）。〈殖産興業に関する建議

書〉，《大久保利通文書第5卷》。東京：吉川弘文館，頁561-562頁。

古森義久（2002）。《ODA再考》。東京：PHP新書。

庄司潤一郎（2004）。〈地政学とは何か－地政学再考－〉，《ブリーフィング・メモ》，2004年3月。（http://www.nids.go.jp/publication/briefing/pdf/2004/200403.pdf）

西川吉光（2008）。《日本の安全保障政策》。東京：晃洋書房。

西原亀三（1918）。《経済立国策》。東京：有斐閣。

安倍晋三（2013a）。〈CSISでの政策スピーチ：日本は ってきました〉，《首相官邸》，2013年2月22日。（http://www.kantei.go.jp/jp/96_abe/statement/2013/0223speech.html）。

安倍晋三（2013b）。〈第百八十三回国会における安倍内閣総理大臣所信表明演説〉，《首相官邸》，2013年2月28日。（http://www.kantei.go.jp/jp/96_abe/statement2/20130228siseuhousin.html）。

吉野誠（2000）。〈明治6年の征韓論争〉，《東海大学紀要－文学部》，第73輯，頁1-18。

竹中平藏（2000）。《竹中教授のみんなの経済学》。東京：幻冬舎。

江沢譲爾（1939）。〈経済地理学に於ける空間概念〉，《一橋論叢》，第3卷，第2期，頁211-229。

赤根谷達雄（2007）。〈「新しい安全保障」の総体的分析〉，赤根谷達雄、落合浩太郎編著，《新しい安全保障論の視座》。東京：亜紀書房，頁71-115。

谷光太郎（1994）。《半導体産業の軌跡》。東京：日刊工業新聞社。

村山裕三（1996）。《アメリカの経済安全保障戦略》。東京：PHP研究所。

村山裕三（2003）。《経済安全保障を考え－海洋国家日本の選択》。東京：NHKブックス。

村山裕三（2004）。〈経済安全保障を考える－技術政策の視点から〉，《経済産業ジャーナル》，2004年8月号。（http://www.ri-eti.go.jp/jp/papers/journal/ 0404/bs01.html）。

杉山伸也（2006）。〈国際環境の変化と日本の経済学〉，杉山伸也編著，《「帝国」日本の学知　第2巻　「帝国」の経済学》。東京：岩波書店，頁1-14。

坂本龍馬（2010[1867]）。《船中八策》。東京：青空文庫。（http://www.aozora.gr.jp/cards/000908/files/4254_16911.html）。

赤松要（1935）。〈我国羊毛工業品の貿易趨勢〉，《商業経済論叢（名古屋高等商業学校商業経済学会）》，13（上），頁129-212。

李世暉（2006）。《貨幣制度と国家権力：近代臺湾貨幣制度変遷からの一考察》。京都：京都大学経済学研究科博士論文（未出版）。

李世暉（2010）。〈臺湾の経済貿易戦略における西進と南向との論争－ECFA締結の背景を併せて論じる－〉，《問題と研究》，第39巻，第3号，頁27-62。

李恩民（2001）。《転換期の中国・日本と臺湾：一九七〇年代中日民間経済外交の経緯》。東京：御茶の水書房。

角南篤、北場林（2011）。〈科学技術政策の諸課題：外交・国際協力〉，長谷川俊介編著，《科学技術政策の国際的な動向》。東京：国立国会図書館調査及び立法考査局，頁237-255。

佐藤政則（2006）。〈明治経済の再編成：日清戦後の経済構想〉，杉山伸也編著，《「帝国」日本の学知　第2巻　「帝国」の経済学》。東京：岩波書店，頁55-89。

防衛を考える事務局編（1975）。《わが国の防衛を考える》。東京：朝日新聞社。

防衛省（2013）。《平成25年版　防衛白書》。東京：防衛省。

防衛省（2014）。《平成26年版　防衛白書》。東京：防衛省。

金ゼンマ（2008）。〈日本のFTA政策をめぐる国内政治：JSEPA交渉プロセスの分析〉，《一橋法学》。第7巻，第3期，頁683-719。

季武嘉也（1998）。《大正期の政治構造》。東京：吉川弘文館。

長谷川 規（2006）。〈経済安全保障概念の再考察－経済的価値・脅威・手段－〉，《国際安全保障》，第34巻，第1号，頁107-130。

国際協力銀行（2003）。《海外経済協力基金史》。東京：国際協力銀行。

林代昭、渡邊英雄（1997）。《戦後中日関係史》。東京：柏書房。

岡田知弘、伊藤亮司（2011）。《TPPで暮らしと地域経済はどうなる》。東京：自治体研究社。

居林次雄（1993）。《財界総理側近録》。東京：新潮社。

京口元吉（1939）。《秀吉の朝鮮経略》。東京：白揚社。

阿部愿（1906）。〈豊臣氏征韓の趣義を究めて其動機に及ぶ〉，《史學雜誌》，第17巻，第1号，頁1-17。

武藤守一（1952）。〈財閥解体政策の基盤とその変遷－日本経済の従属化と軍事化への序説〉，《立命館経済学》，第1巻，第5-6

号，頁756-782。

波多野澄雄、佐藤晋（2007）。《現代日本の東南アジア政策－1950-2005》。東京：早稲田大学出版部。

波形昭一（1985）。《日本植民地金融政策史の研究》。東京：早稲田大学出版部。

岸本建夫（1994）。〈プラザ合意以後の爲替変動諸要因の分析〉，《政策科学》，第2巻，第2号，頁7 30。

岩田規久男（2005）。《日本経済を学ぶ》。東京：筑摩書房。

肥塚浩（2011）。〈日本および中国の半導体産業の動向〉，《立命館国際地域研究》，第33号，頁1-12。

浅井良夫、寺井順一、伊藤修（2006）。《安定成長期の財政金融政策－オイル・ショックからバブルまで》。東京：日本経済評論社。

科学技術外交のあり方に関する有識者懇談会（2015），《科学技術外交のあり方に関する有識者懇談会報告書》，2015年5月8日。（http://www.mofa.go.jp/ mofaj/files/000079477.pdf）。

若月秀和（2006）。《「全方位外交」の時代－冷戦変容期の日本とアジア 1971-80年》。東京：日本経済評論社。

島井宏之（2009）。〈新時代の科学技術外交〉，《科学技術振興機構》，2009年3月23日。（http://www.jst.go.jp/pr/jst-news/2009/2009-05/special_issue.pdf）。

島貫武治（1973）。〈日露戦争以後における国防方針、所要兵力、用兵綱領の変遷（上）〉，《軍事史学》，第8巻，第4号，頁2-16。

島崎久彌（1989）。《円の侵略史－円爲替本位制度の形成過程》。東京：日本経済評論社。

浦田一郎（2003）。〈政府の個別的自衛権論覚書〉，《一橋法学》，第2巻，第2号，頁345-359。

浦田秀次郎（2002）。《日本のFTA戦略》。東京：日本経済新聞社。

荻原伸次郎（2011a）。《TPP：第三の構造改革》。京都：かもがわ出版。

荻原伸次郎（2011b）。《日本の構造改革とTPP－ワシントン発の経済改革》。東京：新日本出版社。

高坂正堯（1970）。《海洋國家の構想 増補版》。東京：中央公論社。

高瀬弘文（2008）。《戦後日本の経済外交》。東京：信山社。

高瀬弘文（2013）。〈「経済外交」概念の歴史的検討：戦後日本を事例に〉，《Hiroshima Journal of International Studies》，Vol. 19，頁21-38。

倉沢愛子（2009）。〈インドネシアの経済発展と日本企業－マジャラヤの地場繊維産業衰退問題をめぐる新解釈－〉，《三田学会雑誌》，第102巻，第2号，頁289-305。

財務総合政策研究所財政史室編（2004）。《昭和財政史－昭和49-63年度　第7巻　国際金融・対外関係事項　関税行政》。東京：東洋経済新報社。

海洋政策研究財団（2005）。《海洋白書2005》。東京：海洋政策研究財団。

草野厚（2005）。《歴代首相の経済政策　全データ》。東京：角川書店。

通産省（1975）。《経済協力の現状と問題点》。東京：通商産業省。

通商産業調査会（1974）。《産業構造の長期ビジョン》。東京：
　通商産業省。

通産省産業構造審議会編（1982）。《経済安全保障の確立を目指
　して》。東京：通商産業調査会。

経産省（2009）。〈レアメタル確保戦略〉，《審議会・研究
　会》，2009年6月3日。（http://www.meti.go.jp/committee/materi-
　als2/downloadfiles/g90603a07j.pdf）

経産省（2015）。〈国別・地域別の経済連携協定を見る〉，《經
　濟産業省》，2015年10月20日。（http://www.meti.go.jp/policy/
　trade_policy/epa/）。

経済展望談話会（1981）。《日本経済と総合安全保障》。東京：
　東京大学出版会。

野口悠紀雄（2008）。《戦後日本経済史》。東京：新潮社。

野田佳彦（2011）。〈第百七十八回国会における野田内閣総
　理大臣所信表明演説〉，《首相官邸》，2011年9月13日。
　（http://www.kantei.go.jp/jp/noda/statement2/icsFiles/afieldfile/
　2012/03/12/13syosin.pdf）。

黒田晃生（2008）。〈日本銀行の金融政策（1984-1989年）―プラ
　ザ合意と「バブル」の生成―〉，《明治大学社会科学研究所紀
　要》，第47巻，第1号，頁213-231。

馬田啓一（2014）。〈TPP交渉とアジア太平洋の通商秩序〉，《国
　際問題》，No. 632，頁5-15。

堀越禎三（1964）。〈国際経済の新展開と経済外交の進路〉，
　《経団連月報》，第12巻，第6号，頁20-31。

鹿島平和研究所編（1973）。《日本外交史　22　南進問題》。東
　京：鹿島研究所出版会。

清水孫兼（1922）。《柳生一義》。東京：山崎源二郎發行。

張慧珍（2013）。〈徳川家康の駿府外交体制―駿府外交の構想について―〉，《WASEDA RILAS JOURNAL》，No. 1，頁202-214。

陸奥宗光（1929[1983]）。《蹇蹇録》。東京：岩波書店。

渡辺昭夫（1985）。《戦後日本の対外政策―国際関係の変容と日本の役割》。東京：有斐閣。

渡辺利夫（2007）。〈極東アジア地政学と陸奥宗光―『蹇蹇録』を読む〉，《環太平洋ビジネス情報RIM》，Vol. 7，No. 26，頁4-12。

渡邊賴純（2011）。《TPP参加という決断》。東京：ウェッジ。

深海博明（1978）。〈経済的安全保障への脅威とその確保政策――資源問題を中心とする体系的整理の試み〉，《国際問題》。217期，頁24-41。

船橋洋一（1978）。《経済安全保障論―地球経済時代のパワー・エコノミクス》。東京：東洋経済新報社。

船橋洋一（1996）。〈日米安保再定義の全解剖〉，《世界》。1996年5月号，頁22-53。

船橋洋一（1997）。《同盟漂流》。東京：岩波書店。

鹿島平和研究所編（1973）。《日本外交史　22　南進問題》。東京：鹿島研究所出版会。

添谷芳秀（1997）。〈アジアの秩序変動と日本外交〉，《国際問題》。第444号，頁37-48。

黒川雄三（2003）。《近代日本の軍事戦略概史―明治から昭和・平成まで》。東京：芙蓉書房出版。

黒木祥弘（1999）。《金融政策の有効性》。東京：東洋経済新報

社。

黒野耐（2000）。《帝国国防方針の研究－陸海軍国防思想の展開
　と特徴》。東京：総和社。

筒井若水編（1998）。《国際法辞典》。東京：有斐閣。

鈴木尊紘（2011）。〈憲法第9条と集団的自衛権－国会答弁から集
　団的自衛権解釈の変遷を見る－〉，《レファレンス》。2011年
　11月號，頁31-47。

源了円（1990）。《佐久間象山》。東京：PHP研究所。

朝日新聞社編（1944）。《南方の據點・臺湾：写眞報道》。東
　京：朝日新聞社。

菅直人（2011）。〈第177回国会における菅内閣総理大臣施政
　方針演説〉，《首相官邸》。（http://www.kantei.go.jp/jp/kan/
　statement/201101/24siseihousin.html）。

菊池努（2004）。〈「競争国家」の論理と経済地域主義〉，藤
　原帰一編，《国際政治講座》。東京：東京大学出版会，頁199-
　236。

菊地悠二（2003）《円の国際史》。東京：在斐閣。

福田毅（2006）。〈日米防衛協力における3つの転機：1978年ガイ
　ドラインから「日米同盟の変革」までの道程〉，《レファレン
　ス》。2006年7月號，頁143-172。

福澤諭吉（1960[1885]）。〈脱亞論〉，富田正文、土橋俊一編，
　《福澤諭吉全集》，第十巻。東京：岩波書店，頁238-240。

農文協編（2011）。《TPPと日本の論点》。東京：農文協。

滝田洋一（2006）。《日米通貨交渉－20年目の眞実》。東京：日
　本経済新聞社。

豊下楢彦（1996）。《安保条約の成立－吉田外交と天皇外交》。

東京：岩波書店。

関井裕二（2008）。《市場化時代の経済と安全保障》。東京：内外出版。

落合浩太郎（2007）。〈経済安全保障－ゼロサム・ゲーム思考の限界と弊害〉，赤根谷達雄、落合浩太郎編著，《新しい安全保障論の視座》。東京：亜紀書房，頁191-238。

綿野脩三（1953）。〈我が経済外交の新段階〉，《外交時報》。第112巻，第1号。頁16-22。

増田弘、木村昌人編著（1996）。《日本外交史ハンドブック－解説と資料》。東京：有信堂高文社。

総合安全保障研究グループ（1980）。《総合安全保障研究グループ－大平総理の政策研究会報告》，1980年7月2日。（http://www.ioc.u-tokyo.ac.jp/ ~worldjpn/documents/texts/JPSC/19800702.O1J.html）。

総合科学技術会議（2008）。《科学技術外交の強化に向けて》，2008年5月19日。（http://www8.cao.go.jp/cstp/siryo/haihu75/siryo5-2.pdf）。

臺湾経済年報刊行会（1943）。《臺湾経済年報 昭和十八年版》。東京：国際日本協会。

臺灣銀行編（1919）。《臺灣銀行二十年誌》。臺北：臺灣銀行。

臺灣銀行編（1939）。《臺灣銀行二十年誌》。臺北：臺灣銀行。

臺湾銀行史編纂室編（1964）。《臺湾銀行史》。東京：臺湾銀行史編纂室。

権容奭（2007）。〈日中貿易断絶とナショナリズムの相克〉，《一橋法学》，第6巻，第3期，頁1251-1278。

藤沢親雄（1925）。〈ルドルフ・チェーレンの国家に関する学

説〉,《国際法外交雑誌》。第24巻,第2号。頁49-69。

衛藤審吉、山本吉宣（1991）。《総合安保と未来の選択》。東京：講談社。

瀬木耿太郎（1988）。《石油を支配する者》。東京：岩波新書。

纐纈厚（2010）。《総力戦体制研究－日本陸軍の国家総動員構想》。東京：社会評論社。

鶴見祐輔（1965）,《後藤新平　第二巻》。東京・勁草書房。

西文部分

Akamatsu, Kaname. (1961). "A T*heory of Unbalanced Growth in the World Economy*." Weltwirtshaftliches Archiv, Vol. *86, No.* 2, pp: 196-217.

Akamatsu, Kaname (1962). "A Historical Pattern of Economic Growth in Developing Countries." *The Developing Economies*. Preliminary No. 1, pp. 3-25.

Akpeninor, James Ohwofasa. (2012). *Modern Concepts of Security*. UK: Author House.

Balassa, Bela. (1961). *The Theory of Economic Integration*. London: Allen and Unwin.

Berridge, G. R. (2009). *Diplomacy: Theory and Practice.* 4th edition. Basingstoke: Palgrave Macmillan.

Blainey, Geoffrey. (1966). *Tyranny of Distance: How Distance Shaped Australia's History*. Melbourne: Sun Books.

Bourquin, Maurice. (1936). *Collective Security: A Record of the Seventh and Eighth International Studies Conferences, Paris 1934--Lon-*

don 1935. Paris: International Institute of Intellectual Cooperation.

Beard, Charles. (1977[1934]). *The Idea of National Interest*. Westport: Greenwood Press.

Buzan, Barry. (1991). *People, State and Fear: An Agenda for International Security Studies in the Post-cold War Era*, 2nd ed. Brighton: Harvester Wheatsheaf.

Central Intelligence Agency. (2005). *The CIA World Factbook 2005*. Virginia: Central Intelligence Agency.

Chitoshi, Yanaga. (1968). *Big Business and Japanese Politics*. Connecticut: Yale University Press.

Cline, Ray S. (1999). *The Power of Nations in the 1990s: A Strategic Assessment*. Lanham, MD: University of American Press.

Cohen, Benjamin J. (1978). *Organizing the World's Money*, New York: Basic Books.

Cohen, Saul B. (1973). *Geography and Politics in a World Divided*. New York: Oxford University Press.

Council on Competitiveness. (1994). *Economic Security*. Washington D. C.: Council on Competitiveness.

Dillon, Michael. (1996). *Politics of Security: Towards a Political Philosophy of Continental Thought*. London: Routledge.

Fairbank, John King. (1968). *The Chinese World Order: Traditional China's Foreign Relations*. Cambridge,. Mass.: Harvard University Pres.

Fischer, Robert J. and Gion Green. (1992). *Introduction to Security*. Boston MA: Butterworth-Heinemann.

Hamilton-Hart, Natasha. (2006). "Creating a Regional Arena: Financial

Sector Reconstruction, Globalization, and Region-Making." pp. 108-129, in Peter J. Katzenstein and Takashi Shiraishi eds. *Beyond Japan: The Dynamics of East Asian Regionalism*. Ithaca, N.Y.: Cornell University Press.

Hill, Fiona and Clifford G. Gaddy. (2003). *The Siberian Curse: How Communist Planners Left Russia Out in the Cold*. Washington D. C.: Brookings Institution Press.

Hobbes, Thomas. (2010[1651]). *Leviathan*. Peterborough: Broadview Press.

Holsti, K. J. (1977). *International Politics: A Framework for Analysis*. Englewood Cliffs, N.J.: Prentice-Hall.

Huntington, Samuel P. (1993). "The Clash of Civilizations?" *Foreign Affairs,* Vol. 72, No. 3, pp. 22-49.

International Security Editor. (1976). "Foreword," *International Security*, Vol. 1, No. 1.

Jansen, Marius B. (1984). "Japanese Imperialism: Late *Meiji* Perspectives." pp. 61-79, in Ramon H. Myers, ed. *The Japanese Colonial Empire: 1895-1945*. Princeton, N.J.: Princeton University Press.

Jordon, A. and W. J. Taylor (1984). *American National Security: Police and Process*. Baltimore: The John Hopkins University Press.

Kissinger, Henry A. (1982). *Years of Upheaval*. Boston: Little, Brown & Co.

Kodama, Yoshi. (1996). "Development of Inter-State Cooperation in the Asia Pacific Region: Consideration for Regional Trade Compacts," *NAFTA: Law and Business Review of the Americas*, Vo. 2, No. 4, pp. 70-120.

Kuttner, Robert. (1991). *The End of Laissez-Faire: National Purpose and the Global Economy after the Cold War*. New York: Knopf.

Locke, John. (2009[1690]). *Two Treatises on Government: A Translation into Modern English*, trans., Lewis F. Abbott. Manchester: Industrial Systems Research.

Luttwak, Edward N. (1990). "From Geopolitics to Geoeconomics: Logic of Conflict, Grammar of Commerce," *The National Interest,* No. 20, pp. 17-23.

Luttwak, Edward N. (1993). *The Endangered American Dream: How to Stop the United States from Becoming a Third World Country and How to Win the GeoEconomic Struggle for Industrial Supremacy*. New York: Simon and Schuster.

Mahan, Alfred Thayer. (1918[1890]). *The Influence of Sea Power upon History: 1660-1783*. Boston: Little Brown And Company.

Mackinder, Halford. (1919). *Democratic Ideals and Reality: A Study in the Politics of Reconstruction*. London : Constable and Company, ltd.

Mangold, Peter. (1990). *National Security and International Relations*. London: Routledge.

McDonald, Matt. (2002). "Human Security and the Construction of Security," *Global Society: Journal of Interdisciplinary International Relation*s, Vol. 16, No. 3, pp. 277-295.

Mondale, Walter F. (1974). "Beyond Détente: Toward International Economic Security," *Foreign Affairs*, Vol. 53, No. 1, pp. 1-23.

Morgenthau, Hans Joachim. (1948). *Politics among Nations: The Struggle for Power and Peace*. New York: Alfred A. Knopf.

Nicolson, Harold G. (1950). *Diplomacy*. New York: Oxford University

Press

Nye, Joseph S. (1974). "Collective Economic Security," *International Affairs*, Vol. 50, No. 4, pp. 584-598.

Nye, Jr. Joseph S. and Sean M. Lynn-Jones. (1988). "International Security Studies: A Report of a Conference on the State of the Field," *International Security*, Vol. 12, No. 4, pp. 5-27.

Montesquieu, Charles De Secondat. (2010[1748]). *The Spirit of the Laws*, trans., Thomas Nugent. USA: Digireads.com.

Orr, Robert. (1990). *The Emergence of Japan's Foreign Aid Power.* New York: Columbia University Press.

Pelkmans, Jacques. (2001). *European Integration: Methods and Economic Analysis*. New Jersey: FT Press.

Purpura, Philip P. (1991). *The Security Handbook*. USA: Delmar Publishers.

Sato, Yoichiro and Masahiko Asano. (2008). "Humanitarian and Democratic Norms in Japan's ODA Distributions," in Yoichiro Sato & Keiko Hirata. (eds.). *Norms, Interests, and Power in Japanese Foreign Policy*. New York: Palgrave Macmillan, pp. 111-128.

Sheridan, Kyoko. (1993). *Governing the Japanese Economy,* Cambridge. UK: Polity Press.

Spykman, Nicholas J. (1944). *The Geography of the Peace*, New York: Harcourt, Brace and Company.

Sudo, Sueo. (1992). *The Fukuda Doctrine and ASEAN: New Dimensions in Japanese Foreign Policy*. Singapore: Institute of Southeast Studies.

Sunami, Atsushi, Tomoko Hamachi, and Shigeru Kitaba. (2013). "The

Rise of Science and Technology Diplomacy in Japan," *Science & Diplomacy*, Vol. 2, No. 1. (http://www.sciencediplomacy.org/article/2013/rise-science-and-technology-diplomacy-injapan)

UNCTAD. (2003). *Science and Technology Diplomacy*. New York and Geneva: UNCTAD.

UNDP. (1994). *Human Development Report 1994*. New York: Oxford University Press.

U.S. Dept. of Commerce. (1983). *An Assessment of U. S. Competitiveness in High Technology Industries*. Washington, D.C.: U.S. Dept. of Commerce, International Trade Adminstration.

Walt, Stephen. (1991). "The Renaissance of Security Studies," *International Studies Quarterly*, Vol. 35, No. 2, pp. 211-239.

Weber, Max. (1993). *Gesamtausgabe I/4*. Tübingen: J.C.B.Mohr (Paul Siebeck).

Yoshimatsu, Hidetaka. (2005). "Japan's Keidanren and Free Trade Agreements: Societal Interests and Trade Policy," *Asian Survey*, Vol.45, Issue 2, pp.258-278.

國家圖書館出版品預行編目資料

日本國家安全的經濟視角：經濟安全保障的觀
點／李世暉著. －－初版. －－臺北市：五
南，2016.02
　面；　公分
ISBN 978-957-11-8472-2（平裝）

1.國家安全　2.經濟安全　3.日本

599.931　　　　　　　　　104029015

4P67

日本國家安全的經濟視角：
經濟安全保障的觀點

作　　者 ― 李世暉

發 行 人 ― 楊榮川

總 編 輯 ― 王翠華

主　　編 ― 陳姿穎

責任編輯 ― 邱紫綾

封面設計 ― 羅秀玉

出 版 者 ― 五南圖書出版股份有限公司

地　　址：106台北市大安區和平東路二段339號4樓

電　　話：(02)2705-5066　　傳　　真：(02)2706-6100

網　　址：http://www.wunan.com.tw

電子郵件：wunan@wunan.com.tw

劃撥帳號：01068953

戶　　名：五南圖書出版股份有限公司

法律顧問　林勝安律師事務所　林勝安律師

出版日期　2016年2月初版一刷

定　　價　新臺幣250元

GPN　1010500095